国家自然科学基金项目（52379008，51809078）

河北省重点研发计划项目（20375401D）

国家重点研发计划（2021YFB3901203）

BEIFANG WU GUANDAO LIULIANG CHENGQU HONGLAO MONI
YU HAIMIAN JIANSHE XIAOGUO PINGGU

北方无管道流量城区洪涝模拟与海绵建设效果评估

栾清华　付潇然　高 成　吴文锋◎著

U0395441

河海大学出版社

HOHAI UNIVERSITY PRESS

·南京·

图书在版编目(CIP)数据

北方无管道流量城区洪涝模拟与海绵建设效果评估 /
栾清华等著. -- 南京：河海大学出版社，2024.1
ISBN 978-7-5630-7857-8

Ⅰ. ①北… Ⅱ. ①栾… Ⅲ. ①城市排水－除涝－模拟
－中国②城市－雨水资源－水资源管理－评估－中国
Ⅳ. ①TV213.4

中国版本图书馆 CIP 数据核字(2022)第 244718 号

书　　名	北方无管道流量城区洪涝模拟与海绵建设效果评估	
书　　号	ISBN 978-7-5630-7857-8	
责任编辑	章玉霞	
特约校对	姚　婵	
装帧设计	徐娟娟	
出版发行	河海大学出版社	
地　　址	南京市西康路 1 号(邮编:210098)	
电　　话	(025)83737852(总编室)	
	(025)83722833(营销部)	
	(025)83787107(编辑室)	
经　　销	江苏省新华发行集团有限公司	
排　　版	南京布克文化发展有限公司	
印　　刷	广东虎彩云印刷有限公司	
开　　本	718 毫米×1000 毫米　1/16	
印　　张	10	
字　　数	231 千字	
版　　次	2024 年 1 月第 1 版	
印　　次	2024 年 1 月第 1 次印刷	
定　　价	89.00 元	

序

　　近年来,受气候变化影响,全球极端暴雨事件引发的区域洪涝灾害呈持续增加趋势。特别在城市区域,人为气候变化因素加剧极端暴雨强度或频率的影响更为显著。在我国北方,区域汛期雨量可占全年降水总量的一半以上,且暴雨强度大、历时短、更易突发,一旦天降瓢泼大雨极易形成洪涝灾害,造成严重的人员伤亡和财产损失。2012年北京的"7·23"暴雨和2021年郑州的"7·20"暴雨就是典型案例。然而目前,关注我国北方城市开展相关研究的不多,这使得该书的学术意义和应用价值弥足珍贵。

　　该书在梳理总结北方城市暴雨洪涝特征的基础上,从无管道流量数据城区雨洪模拟技术和海绵措施对城市水文过程影响机理视角出发,分别选取浅山型城区、半山型城区、平原型中心城区、平原型经济开发区、平原型科技园区五种类型开展了典型案例研究,系统性地评估对比了不同雨洪消纳措施模拟结果,研究分析了不同设计暴雨情景下的地表产汇流规律、排水管网运行特征、地表积水状况,揭示了区域内涝防治系统运行效果,探讨了城市水文效应和暴雨洪水内涝风险,研究结果对区域海绵城市建设和城镇内涝防治工作的开展提供了支撑。

　　该书研究基础扎实、数据翔实、案例丰富,系统剖析了北方城市洪涝灾害的特点和应对策略,提出了面向无管道流量地区精细化雨洪模拟技术,因地制宜地给出了适用于不同区域的海绵控制措施,是著者团队在北方城市洪涝领域深耕十几年的成果汇集,对于推动我国城市洪涝相关学科发展和指导区域雨洪综合管理实践具有重要意义。

中国工程院院士

2023 年 12 月

前言

PREFACE

进入 21 世纪以来，我国的城市化飞速发展，城市的数量、规模快速增长，人口、经济的密集程度不断增加。与城市化的进程相比，城市排水设施的规划和建设并不完全同步。随着全球气候变化的不断加剧，极端暴雨事件频发、广发的态势愈加显著，一旦发生暴雨，城市内涝现象异常突出，带来了严重的经济社会损失。针对上述形势，国家提出了海绵城市这一城市雨洪管理的新理念，其本质是城市雨水蓄排设施的改造，以提高城市抵御洪涝风险的韧性。

然而城市雨水蓄集和排水设施的建设、优化和完善是个长期的、复杂的系统工程，难以在短期内见效。在此背景下，城市雨洪径流模拟成为城市内涝预警及洪涝管理的重要技术手段。通过城市雨洪径流模拟，可以识别城市排水系统的薄弱环节和内涝高风险地带，依据不同排水类型系统的特点和作用，优化排水管网设计、科学开展城市洪涝联排联调，从而提高城市应对暴雨洪涝的能力。此外，全国范围内多个省份和地区都开展了海绵城市建设，建成后径流减控的效果如何，也可通过数值模拟开展定量化评价。

我国北方区域大多处于半干旱、干旱气候带。在年尺度内，其降雨总量和频次与南方地区相比，都很有限，使得公众对洪涝灾害认知存在不足，一旦短时强降雨发生，更易造成人员伤亡。2021 年，郑州发生的"7·20"特大暴雨灾害就是一个沉痛的教训。气候变化背景下，近年来我国雨带有北移的趋势，洪涝频发、影响严重、损失巨大成为北方城市洪涝灾害的突出特点。解析城市洪涝灾害特征，优化城市雨洪管理理念，通过暴雨径流模拟对易洪涝区域进行及时有效的预警和风险评估至关重要。鉴于此，著者及其研究团队，近 10 年专注北方城市的雨洪模拟和海绵措施径流减控效果评估工作，在不同类型的北方城区开展了应用研究。

本书就是相关研究成果的一本汇集，包括三个部分 10 个章节。第一部分为理论和技术方法，包括第 1~4 章：第 1 章在分析城市典型洪涝过程特征的基础上，阐述了城市雨洪管理的理念及主要应对措施；第 2 章系统梳理了城市雨洪模型研究进展；第 3 章提出了无管流数据城区雨洪模型构建关键技术；第 4 章解析了海绵措施对城市水文过程的影响。第二部分主要是案例研究，包括第 5~9 章：分别详细介绍了北方浅山型城区、半山型城区、平原中心城区、平原经济开发区、平原科技园区5种类型的典型应用案例。第三部分为结论,即第10章,总结研究成果,针对北方不同类型城区提出雨洪管理的建议。

本书在国家自然科学基金项目"典型中小城市区域暴雨积水动态过程集合量化智能解析研究"(52379008)、"城镇化低影响开发技术参数试验及数值模拟研究"(51809078)、河北省重点研发计划项目"基于积水大数据识别的城市洪涝安全预警技术研究与示范"(20375401D)和国家重点研发计划"多灾种及链生灾害综合风险定量评估与监测预警"(2021YFB3901203)的共同资助下,由河海大学、应急管理部国家自然灾害防治研究院、河北省智慧水利重点实验室、邯郸市漳滏河灌溉供水管理处等单位的科研和管理人员共同完成。

在撰写过程中得到了中国工程院张建云院士的悉心指导,河北工程大学副校长何立新教授,河海大学刘俊教授、薛联青教授,中国水利水电科学研究院刘家宏正高级工程师,南京水利科学研究院贺瑞敏正高级工程师、金君良正高级工程师等专家学者提出了许多宝贵的意见和建议。王海潮、戴昱、王东、王英、陈锐、霍云超、郝曼秋、徐欢、苏晓天、崔朝阳、张坤、张钰荃等同志参与了部分研究和撰写工作。同时,编著人员在开展实地监测、调研和踏勘时,得到了河北省水文勘测研究中心、邯郸市气象局、邯郸市水利局、邯郸市排水管理处等单位的领导、专家和工作人员的指导和帮助,在此一并致谢。

由于作者水平有限,书中难免存在不足之处,敬请广大读者不吝批评赐教。

作者
2023年12月

目录

CONTENTS

第1章

中国北方城市洪涝灾害与应对概述

全球气候变暖导致了水面蒸发率提高,加剧了大气环流循环速度,暴雨等极端天气不断增加。同时,中国经济发展迅速,城市化进程不断加快,城市下垫面硬化导致产流增加、汇流加速,耦合气候变化效应,使得城市洪涝频发、广发。由于我国水资源分布南多北少,因此城市洪涝灾害的研究更关注多水的南方城市,相较北方,南方城市的防灾减灾措施也较为齐全。但近年来,我国雨带有逐渐北移的趋势,北方城市暴雨频次及雨量都大幅增加。相较而言,我国北方城市应对洪涝灾害的经验以及体系不够完善,这就加大了北方城市洪涝灾害引发的损失。2021年郑州发生的"7·20"特大暴雨洪水事件因其造成的极大人员伤亡和财产损失,受到了社会的广泛关注。

本章基于我国城市洪涝灾害的特征及成因,结合北方城市典型洪涝过程特征分析,总结了我国北方城市雨洪管理的理念和措施,对应用城市雨洪数值模拟的作用和意义开展了进一步的分析,并在最后提出了适用于我国北方城市洪涝治理的海绵城市的理念,以期为我国北方城市洪涝灾害治理提供借鉴。

1.1 城市洪涝灾害特征及成因

城市洪涝灾害是当前人类面临的全球性问题之一,据相关统计数据,城市区域洪涝发生的频率持续增加,发展态势愈演愈烈。究其原因可概括为快速城市化的水文效应、气候变化导致城市降雨特性的改变以及城市排水基础设施建设不足三大方面,其中原因又可细分,具体如下:

1. 城市化及人类活动导致下垫面变化下的城市水文效应

1949年以来,中国城镇化进程高速发展、城市人口快速增加,截至2016年,城镇化水平由10.6%增加到56.1%,城镇人口由5 767万人增加到79 298万人,快速的城市化在经济社会水平的快速提升以外,还严重扰动了周边区域的自然水循环过程,主要体现在以下方面:

(1)城市道路、建筑物等不透水面积不断增加,使得城区范围内的水文、水力特性受到了极大影响。原有的下垫面性质发生质变，干扰了近地表层与地表土壤层之间的水文联系，使得地表径流系数增加、降雨产流量增加，并且降低了地表糙率，汇流速度加快，峰现时间提前，洪灾重现期增加等[1]。

（2）原有天然河湖通道、滩地等被侵占，水生态系统被破坏，使得暴雨期间城市行洪通道萎缩，城区自然水文调节系统和水生态系统退化，天然渗、滞、蓄能力下降[2-5]。排水管网、蓄水泵站等城市人工灰色排水设施的修建，也人为干扰了原有的自然蓄滞和排泄过程。

（3）城市易积易涝设施等地表构筑物，增加了城市积水内涝的风险。随着城市建设过程中大量地下商场、地铁、立交桥等易积易涝设施的设置，城市作为暴雨内涝的承灾体，暴露出较高的脆弱性，致使内涝风险加剧。

这些改变，致使城区范围内雨洪径流量增大、暴雨频次增加、积水内涝风险增高，使得城区积水内涝灾害呈频发趋势。

2. 由环境变化导致城市降雨特性改变

（1）全球变暖使得城市极端降水事件增加。早在1921年就有研究表明，相较于郊区，城市中心区域更容易发生雷暴天气[6]。自20世纪70年代以来，城市化引起的降水变化逐渐成为研究热点[1]。IPCC（Intergovernmental Panel on Climate Change）第三次科学评估指出，过去的140年全球平均气温上升了0.3～0.6℃，达到近千年来的极值。中国地区地表温度升高值高于全球的平均水平，在过去的近一个世纪里，中国陆地区域平均增温0.9～1.5℃，虽然近15年气温上升趋势放缓，但当前气温仍处于100年来的最高阶段。

《中国气候变化蓝皮书（2018年）》中世界气象组织发布的《2017年全球气候状况声明》表示，2017年全球表面平均温度比工业化前水平（1850—1900年的平均值）高出约1.1℃，为有完整气象观测记录以来的第二暖年份，也是有完整气象观测记录以来最暖的非厄尔尼诺年份。1951—2017年，中国地表年平均气温平均每10年升高0.24℃，气温升高率高于同期全球平均水平[7]。气候变化也改变了全球水循环过程[8]，引起局部地区极端暴雨发生特性改变[9]，加之城市化对城市上空水热条件的影响，使得城市局部极端暴雨的量级、频次和范围均有增加的趋势[10]。气候变化对城市降雨特性的改变致使城区范围极端暴雨频发和极端降水事件增加，主要体现在三个方面：①全球气温升高导致水循环过程加快，海洋水分蒸发量增加，水汽通量增加，使得全球和区域范围内成云致雨的条件更加有利。②气温的升高使得大气持水能力加强，云层水汽难以达到饱和，一旦形成降雨，降雨强度就比较大，使得暴雨频次增加。③潮湿温暖的大气稳定性较差，使得降雨或暴雨事件更容易发生。

（2）城市热岛效应使得空气持水能力增加。城市范围内较多人口聚集，其生产、生活等过程中散发出大量的热量，且城市化过程中地表不透水构筑物的增多，使得向地下传递的土壤热通量被阻隔，致使城区范围内气温相较其他地区要高。温度的升高导致局地气温升高，同样增大了大气的持水能力和不稳定性，容易引发局地的降雨事件。

（3）城市气体污染物的过量排放使得大气中凝结核增多。城市范围内的气体污染物，如工业废气、汽车尾气、烟尘和雾霾等大量污染颗粒在空气中起到了水汽凝结催化剂的作用，在城区上空形成大量的气溶胶，营造了成云致雨的条件，从而使得城区范围内暴雨频次和强度增加。

（4）城市局地上升气流对暖湿空气的扰动作用。暖湿空气在运动过程中，受城市高层建筑阻隔以及局地上升气流影响，爬升缓慢，在这个过程中迅速冷却，相应增加了城市范围内降雨的可能性。

3. 城市排水系统存在短板，致使排水能力不足

（1）城市排水系统设计标准较发达国家低，雨水排除能力不足。在我国，大多数城市基础排水设施较城市化进程严重落后。70％以上的城市排水系统设计暴雨重现期小于1年，且较多老城区标准更低，易导致积水内涝。而排水能力不足的另一个原因是城市设计洪水推求方法存在一定的局限性。长期以来，我国一直沿用原苏联的体系方法，采用推理公式法进行雨水系统规划设计[11]。推理公式法简单可行，但难以推求设计洪水过程线，也不能考虑降水的时空变异，其经验系数的选取也存在一定的随意性。推理公式法因方法简单被广泛用于计算洪峰流量。在国内外排水设计规范中，推理公式法适用的面积范围为：美国奥斯汀 4 km^2、芝加哥 0.8 km^2、纽约 1.6 km^2、丹佛 6.4 km^2，且汇流时间小于 10 min；欧盟 2 km^2 或汇流时间小于 15 min；我国《室外排水设计标准》（GB 50014—2021）中规定，当汇水面积超过 2 km^2 时，雨水设计流量宜采用数学模型进行确定[12]。

（2）城市洪涝相关标准规范等的滞后与缺失。在我国，2000 年建设部批准发布了《城市排水工程规划规范》，才对城市排水规划范围和排水体制、排水量和规模、排水系统布局等方面作出规定。《室外排水设计标准》（GB 50014—2021）是对原国家标准《室外排水设计标准》（GB 50014—2006）修订后的现行标准。2016 年才批准发布了水利行业标准《治涝标准》，其中确定了城市治涝标准，是指承接市政排水系统排出涝水的区域的标准（治涝标准）。2017 年住建部批准发布了《城镇内涝防治技术规范》，其目的是有效防治城镇内涝灾害。2017 年中国工程建设协会批准了《城镇内涝防治系统数学模型应用技术规程》的征求意见稿。2022 年住建部批准《城乡排水工程项目规范》（GB 55027—2022）为国家标准，对雨水系统中的源头减排、雨水管网和排涝除险做出了系统规范。从以上标准规范的发布、修改和施行，可见我国城市洪涝等相关标准规范的滞后与缺失。

（3）城市排水系统的运营维护工作缺失。在我国众多城市中，尤其是老城区，经常发现地下排水管道雨期被堵塞或排放不当、淤泥堆积等问题，影响雨水的排放，也极易导致积水内涝的发生。

1.2　北方城市典型洪涝过程特征分析

我国北方大尺度复杂下垫面城区的特点主要表现为地表不透水率较高，许多区域甚至超过 70％。水泥地面、柏油马路等成片的硬质铺装逐渐取代了天然河流、湿地、草地

等,使原本"会呼吸的地面"变得渗水几乎为零,地表产汇流系统的平衡状态被打乱。城市建筑侵占、扩张到洪水通道和雨洪调蓄空间,城区范围越来越大,对于复杂下垫面城区建设发展过程中所面对的普遍性问题,其原因在于规划设计及后期建设没有考虑到与自然排水系统结合的问题,导致内涝严重,而如今要解决问题则难度很大。

现状条件大幅增加了降水产流量,大大缩短了降雨径流的汇集时间,从而使城区在汛期经常面临洪涝灾害的威胁。尽管已经建立了现代化的城市防汛系统,但与雨洪短期预报和实时监控管理的目标还有较大差距,仍存在汛期城区大面积积水的危险。如果不及时采取措施,终究将威胁城市的安全与稳定。

城区易发生内涝的原因主要包括两个方面:一方面,内涝多发于地面硬化程度极高且地势较低洼地区,这些地块的地表径流系数大,增加了地表的产流率。加之这些地区的产汇流坡度较大,所以产汇流时间相对较短。另一方面,现状排水系统受管径小、流向不合理等低设计标准的影响,难以在较短时间内将大量的雨洪水排走,更为严重的是地表滞留的雨洪水也不能及时疏导、排泄到相应的调蓄设施内,故容易引发局部内涝连片成灾,加重城市内涝对人们生活、生产的影响。

总之,城市暴雨频发,下垫面硬化程度过高,加之现状排水系统设计标准较低,防洪设施对城市内涝调节能力较小,遇大暴雨天气容易导致城市下沉式立交桥、地下通道等交通路面、企业物资、居民住房等受到涝水的浸泡和淹没;此外,由于雨洪水外排不及时,不同建设用地类型区的易涝地块表现出不同程度的受淹情况,呈现出积水易形成难退去且退水时间长的特点。

1.3 北方城市雨洪管理的理念及主要措施

1.3.1 雨洪管理理念

雨洪管理就是对由不同强度雨水径流造成的灾害的管理和控制,雨洪管理理念强调构建在面对城市暴雨、内涝、水污染等"水灾害"时能够抗击冲击并具有吸收能力的弹性系统,具体来说就是通过各雨洪管理手段实现对雨水径流的控制与利用,提高资源化利用效率、控制污染,以缓解城市暴雨、内涝等带来的伤害,提高已建成环境的适应能力,保护并修复生态系统,实现人与自然的可持续发展。

随着相关专业的不断发展,雨洪管理理念与绿色基础设施概念以及水文学相关概念的联系更加密切。在空间上由网络中心和连接廊道组成的天然与人工化绿色空间网络系统的绿色基础设施逐渐涉及雨洪管理的相关理念,在雨洪管理理念的指引下,绿色基础设施对雨水径流所进行的削减、渗透、净化等作用,延缓了雨水径流进入城市排水管网的时间和径流量,缓解了城市灰色基础设施压力的同时,降低了城市建设成本,并发挥出强大的生态效益、社会效益和经济效益。通过模拟城市水文学中的水文过程可以综合评价雨洪管理对径流产生的效果,同时其防洪排涝的标准也可成为雨洪管理的设计标准。

1.3.2　雨洪管理措施

近年来,由于经济发展迅速、人口超负荷、生态环境遭到破坏,水资源普遍短缺,城市地表径流污染严重,全世界各个城市洪涝灾害频发,因此,许多发达国家很早就开始了雨洪管理措施的研究。20 世纪 90 年代初,美国基本全面覆盖最佳管理措施(Best Management Practices,BMP)[13],在此基础上,基于源头径流控制层面,研究低影响开发(Low Impact Development,LID)新型雨洪管理措施战略并在某些发达国家取得了显著效果[14];此外,英国的可持续排水系统(Sustainable Drainage Systems,SUDS)、澳大利亚的水敏感性城市设计系统(Water Sensitive Urban Design,WSUD)也对城市雨水利用产生了一定的作用,这些国家的雨洪管理措施也逐渐被其他国家采纳[15-16]。

1. BMP

美国于 20 世纪 70 年代将 BMP 应用于城市雨水系统中,随后,为促进 BMP 的实施,美国政府在 80 年代制定了一系列相关的法律、法规和政策并取得了良好成效,至 90 年代,BMP 已全面覆盖城市雨水利用管理体系。BMP,意为"特殊条件下控制雨水径流、改善水质的最佳管理措施"[17]。以往的 BMP 主要是一套高效的雨水收集利用和排放措施,达到控制污染物进行终端治理的目的,大多采用工程类措施,如修建沉淀池、人工湿地、储水池等,需要占用大量土地,同时也包括非工程类措施,如政策法规、污染源控制等,均可在一定程度上减少暴雨径流量,控制雨水径流污染,改善水质。但随着城市化进程不断推进,城市人口增多,土地资源极其有限宝贵,传统 BMP 已无法满足现代城市的需求,因此,便衍生了第二代 BMP,除了保留第一代 BMP 的高效外,新型 BMP 更是关注经济和生态学原理,达到三者的平衡统一,与传统 BMP 大型的工程设施不同,新型 BMP 主要采用分散的、小型的雨水处理设施,占地面积小,易于设置,强调与自然条件和景观结合,同时采用非工程性的管理方法[13]。为保证 BMP 的全面顺利实施,美国国家环境保护局(Environmental Protection Agency,EPA)还制定了大量的法律法规,各州郡亦对雨水的污染及流量等相关指标做出明确规定。例如,波特兰要求渗透设施设计要达到最大限度,西雅图要求应用 BMP 技术以严格控制峰流量,宾夕法尼亚州要求 BMP 设计重现期至少为 1 年,伊利诺伊州要求不透水性路面要减少 15%。

2. LID

雨洪管理措施应用最为广泛的,是美国国家环境保护局推行的 LID 措施。LID 是一种新型的城市雨水管理系统。20 世纪 90 年代中期,美国的暴雨管理专家提出 LID 理念。90 年代末,美国国家环境保护局推行 LID 措施,目前该方法已被很多发达国家采用。美国佛罗里达州、芝加哥等地制定了一系列相关的雨水管理条例并取得了显著效果。LID 基于模拟自然水文条件原理,采用源头控制理念实现雨水控制与利用,强调雨水是资源,不能任意直接排放,采用小型、分散、低成本且具有景观功能的雨水管理措施维持和保护场地自然水文功能,进而实现缩减径流量、减少径流污染负荷、保护受纳水体的目标,实现可持续水循环的目标。LID 既有宏观的策略管理,又有微观的工程设计,生态效应、社会和经济效应显著,主要具有以下原则:保护自然环境,保护场地自然水文功能;通过分散化、小型化设施增加雨水入渗,减少径流量及污染负荷;构建自然排水方式,取代传统管道排水[21-22]。

国内外许多专家对 LID 措施进行了研究。Woert 等[23]研究了绿色屋顶的表面类型、坡度和介质深度对暴雨滞留的影响,结果表明绿色植物可以增加雨水的滞留量,坡度降低、介质增厚均能很好地减少径流总量,增加介质的厚度对暴雨滞留的影响更大。Watanabe[24]研究了日本某地区,结果表明渗透人行道和渗透管组成的系统对雨水径流峰值的削减效果可达 15%~20%。Hsieh 等[25]对雨水花园进行了分析,结果显示其污染物去除能力卓越,能够去除 96% 的 TSS、70% 的 TP 和 98% 的油类,对 N 的去除相对较弱。

程江等[26]研究了下凹绿地设计参数对暴雨径流的影响,结果表明,下凹绿地面积比例为 10%~30%、下凹深度为 0.1~0.3 m 时,设计暴雨重现期可选择一年、三年和五年一遇标准。车伍等[27]对雨洪管理措施进行了讨论,认为组合使用 LID+GSI 是缓解城市内涝、控制径流污染的有效途径。Liaw 等[28]研究了 LID 的原理及原则,结果表明 LID 在控制雨水径流、减少污染物以及补充水资源等方面潜力巨大。"绿色城市""低碳城市"已成为城市发展的需要和目标,因此,LID 上升为我国城市发展的重要规划内容。在充分借鉴国外先进经验的基础上,我国结合自身特点,建立了一大批示范项目。深圳市光明区率先在全国建立了"低影响开发综合示范区",对雨洪管理措施利用目标、实施方法以及相应的政策法规进行了探索,为其他城市的应用提供了参考[29]。随后,中新天津生态城、深圳光明新区绿色新城、唐山曹妃甸国际生态城等相继建立,促进了水资源的循环利用,推动了城市的可持续发展进程。

3. SUDS

SUDS,在 20 世纪 70 年代由英国首次提出并应用于城市雨水管理,是一种基于可持续发展概念的城市排水体系。近年来,SUDS 从纯粹的雨水管理转向水环境保护,通过在源头进行控制以达到削减径流量和控制径流污染的目的。目前,西方发达国家相继开发了适用于本国的 SUDS。SUDS 是全方位、多层次、全过程的,在设计实施中要求综合考虑土地利用格局、水质、水量、水资源保护、生物多样性、景观环境、社会经济等多方面因素,坚持可持续发展理念,实现水资源循环,体现城市水系与人的和谐统一性[18]。SUDS 有别于传统的雨水快速排放方式,采取沉淀池、渗透铺装路面等多种措施来调峰控污,对各种地区适用性都比较强,应用范围很广,新老城区都可采用相应措施来增加雨水利用率和城市排水系统容量,主要遵守以下四个设计原则:

(1)预防控制原则,在场地设计和规划时,利用管理措施,控制径流污染;

(2)源头控制原则,在源头利用屋顶花园、渗透铺装等方式,控制径流量及污染量;

(3)场地控制原则,在场地内利用下渗水池、调蓄池等设施来管理雨水;

(4)区域控制原则,在区域内对所有径流进行综合管理[19]。

4. WSUD

20 世纪 90 年代,澳大利亚研发 WSUD 系统以减少城市活动对水环境的影响。近十年来,澳大利亚城市快速发展,极端干旱情况日趋严重,政府开始将 WSUD 系统应用于保护水生态系统中,确保城市供水安全,并制定了大量的法律法规,要求在城市发展中制定合理的 WSUD 系统设计和规划,形成统一的城市水管理系统。

WSUD 意在提高水的回收利用率,保证水的可持续发展,科学规划城市雨水设计[20]。与其他暴雨管理体系不同,WSUD 并不仅仅针对雨水,而是将生活用水、雨水、河道管理、污水处理及水的再循环问题等作为城市水系的整体[20],在城市规划的每个阶段和过程,从设计初期建设地点选取到控制雨水径流保障水质,到处理雨水径流,再到最后利用处理后的雨水径流,WSUD 系统全程都充分利用雨水管理措施,最大限度地减少城市活动对环境的负面影响,最大限度地维持良好的生态环境。

1.4　城市雨洪数值模拟的作用和意义

数值模型是开展城市雨洪管理的有效工具,国内外学者采用不同的数值模型就不同的区域开展了雨洪径流数值模拟,为区域的雨洪风险管理提供了技术参考。其中 Mengnan He 等[30]提出了一种基于元胞自动机的动态路径优化算法来识别动态洪水疏散路径,可确定有效的疏散计划,减轻洪水的影响。对于流域范围内雨洪过程的模拟,主要基于地形进行淹没模拟分析。利用 GIS 的数字高程模型(DEM)对雨洪的扩散范围、流动方向进行分析,以此确定积水面积与积水深度。Hermas 等[31]利用 DEM 提取了各种水文参数,以估算城市积水量,对城市洪涝灾害风险管理具有重要意义。Chen 等[32]采用六种机器学习模型,包括梯度提升决策树、极端梯度提升和卷积神经网络等对珠江三角洲洪水风险进行评估,确定了洪水风险与驱动因素之间的潜在机制,不仅拓展了机器学习和深度学习方法在洪水风险评估中的应用,也为更好地进行洪水风险管理提供了有益的启示。Cao 等[33]利用基于网格的城市水文模型(Grid-based Urban Hydrological Model,GUHM),考虑了 9 种土地开发策略,对建筑物引起的降雨再分配进行了研究,有助于更好地了解建筑物对城市水文的影响和减少城市洪水预警的不确定性。Chen 等[34]将预报暴雨数据作为水动力洪水模型的输入数据,利用大气与洪水耦合模型对城市洪水淹没过程进行了预测,该系统能够对城市洪水淹没过程进行高分辨率、长时间的预报。Bach 等[35]结合了空间分析、基础设施设计、偏好提取和蒙特卡罗方法,将雨洪模型模拟与雨水管理和城市规划相结合,以优化水敏感城市设计系统。

于津晨等[36]以合肥市某小区为例,通过 HydroInfo 建立一、二维耦合的城市雨洪内涝数值模型,对模拟区域暴雨情况下城市内涝情况进行模拟,之后根据实测数据验证模型模拟的准确性和适用性,获取区域淹没历时、淹没水深等重要水情数据。之后通过管网改造以及 LID 方案进行模拟分析,为区域防洪排涝提供合理解决方案。董建武[37]基于自主研发的 HydroInfo 软件构建成都市暴雨洪水耦合模型,并分析了洪水的演进、淹没过程。Hlodversdottir 等人[38]利用 Mike Urban 构建沿海平原地区的地表径流和排水管网模型,对雷克雅未克中心城区的内涝风险和管网负荷进行评估。Xu 等[39]以陕西省岐山县湿地公园为研究对象,利用城市雨洪模型对湿地公园低影响开发和传统开发两种模式进行仿真模拟,分析不同 LID 措施的径流减控效果,并表明组合 LID 措施在峰现时间和峰值流量控制方面具有明显的优势。张伟[40]利用 InfoWorks CS 模型分析了城市排水管网的水力特性,并模拟管网水流的沉积规律,为城市管网防淤塞管理提供有力参考。何胜男等[41]以安徽省涡阳县南城区为研究对象,利用 ArcGIS 和城市雨洪模型对城区排水管网的排水能力进行了评估,并探究 LID 措施对区域内涝风险的影响,结果表明 LID 措施能有效缓解城区内涝。

综上可知,通过雨洪数值模型,模拟和分析不同设计暴雨情景的地表产汇流规律、排水管网运行特征、地表积水状况,揭示区域内内涝防治系统运行规律,探讨区域的城市水文效应和暴雨洪水内涝风险,为区域的海绵城市建设、城镇内涝防治提供技术参考,对区域雨洪管理具有指导意义。

1.5　海绵城市理念

随着我国的城市化进程不断加快,城市道路、建筑物等不透水面积不断增加,使得地面硬化面积不断扩大,再加上城区内城市排水系统存在短板,致使排水能力不足,导致城市内涝频繁出现,而随着城市人口的不断增加,城市用水量也不断增加,引发了水资源短缺、河湖水生态恶化以及水污染加剧等问题[42];这些问题严重影响了城市居民的日常生活,为传统城市基础设施建设敲响了警钟,也给建设城市现代雨洪管理体系提出了更高的实现资源与环境的协调发展的要求[43]。

针对上述情势,2013 年习近平总书记在中央城镇化工作会议上指出"建设自然积存、自然渗透、自然净化的海绵城市"。2014 年 4 月,中国住房和城乡建设部发布了《绿色建筑评价标准》(GB/T 50378—2014)。这一标准推广和发展了绿色建筑的建设,促进了海绵城市建设和可持续发展的目标顺利实现。所谓海绵城市,指城市在应对环境突变、气候剧变及自然灾害等方面具有良好的韧性,汛期通过海绵措施将水蓄存起来,旱期将蓄存的水释放并加以利用,其本质是改变传统城市建设模式,利用新兴海绵城市理念,实现城镇化与资源环境的协调发展[44]。传统城市建设模式突出"以排为主",而海绵城市模式强调"渗、滞、蓄、净、用、排"的综合雨水管理理念,构建低影响开发且顺应自然的生态雨水系统,使城市成为一个"海绵体",以应对城市发展过程中的水安全、水生态、水污染及水短缺等问题。

参考文献

[1] 夏军,张印,梁昌梅,等.城市雨洪模型研究综述[J].武汉大学学报(工学版),2018,51(2):95-105.

［2］乔纳森·帕金森,奥尔·马克.发展中国家城市雨洪管理［M］.周玉文,赵树旗,等,译.北京:中国建筑工业出版社,2007.

［3］刘家宏,王浩,高学睿,等.城市水文学研究综述［J］.科学通报,2014,59(36):3581-3590.

［4］张建云,宋晓猛,王国庆,等.变化环境下城市水文学的发展与挑战——Ⅰ.城市水文效应［J］.水科学进展,2014,25(4):594-605.

［5］宋晓猛,张建云,王国庆,等.变化环境下城市水文学的发展与挑战——Ⅱ.城市雨洪模拟与管理［J］.水科学进展,2014,25(5):752-764.

［6］HORTON R E. Thunderstorm-breeding spots［J］. Monthly Weather Review,1921,49(4):193.

［7］中国气象局气候变化中心.2018 年中国气候变化蓝皮书［EB/OL］.［2018-04-04］. www. cma. gov. cn/2011xwzx/2011xqxyw/202110/t20211030_4086281. html.

［8］GALLANT A J E, KAROLY D J. A combined climate extremes index for the Australian region［J］. Journal of Climate,2010,23(23):6153-6165.

［9］DONAT M G,LOWRY A L,ALEXANDER L V,et al. More extreme precipitation in the world's dry and wet regions［J］. Nature Climate Change,2017,7:154-158.

［10］MAIDMENT D R. 水文学手册［M］.张建云,李纪生,等,译.北京:科学出版社,2002.

［11］马洪涛.数学模型在城市排水规划中应用的相关问题［J］.中国给水排水,2013,29(21):138-143.

［12］中华人民共和国住房和城乡建设部.室外排水设计标准:GB 50014—2021［S］.北京:中国计划出版社,2021.

［13］MARTIN C, RUPERD Y, LEGRET M. Urban stormwater drainage management:The development of a multicriteria decision aid approach for best management practices［J］. European Journal of Operational Research,2007,181(1):338-349.

［14］DIETZ M E,CLAUSEN J C. Stormwater runoff and export changes with development in a traditional and low impact subdivision［J］. Journal of Environmental Management,2008,87 (4):560-566.

［15］RIJSBERMAN M A, VAN DE VEN F H M. Different approaches to assessment of design and management of sustainable urban water systems［J］. Environmental Impact Assessment Review,2000,20(3):333-345.

［16］COOMBES P J,ARGUE J R, KUCZERA G. Figtree place:A case study in water sensitive urban development(WSUD)［J］. Urban Water,2000,1(4):335-343.

［17］SCHOLES L N L,ELLIS J B,REVITT D M. A systematic approach for the comparative assessment of stormwater pollutant removal potentials［J］. Journal of Environmental Management,2008,88(3):467-478.

［18］JONES P,MACDONALD N. Making space for unruly water:Sustainable drainage systems and the disciplining of surface runoff［J］. Geoforum,2007,38(3):534-544.

［19］MITCHELL G. Mapping hazard from urban non-point pollution:A screening model to support sustainable urban drainage planning［J］. Journal of Environmental Management,2005,74(1):1-9.

［20］MORISON P J, REBEKAH R B. Understanding the nature of publics and local policy commitment to Water Sensitive Urban Design［J］. Landscape and Urban Planning,2011,99(2):

83-92.

[21] VAN ROON M. Water localisation and reclamation: Steps towards low impact urban design and development[J]. Journal of Environmental Management, 2007, 83(4): 437-447.

[22] ELLIOTT A H, TROWSDALE S A. A review of models for low impact urban stormwater drainage[J]. Environmental Modelling & Software, 2007, 22(3): 394-405.

[23] VAN WOERT N D, ROWE D B, ANDRESEN J A, et al. Green roof stormwater retention: Effects of roof surface, slope, and media depth[J]. Journal of Environmental Quality, 2005, 34(3): 1036-1044.

[24] WATANABE S. Study on storm water control by permeable pavement and infiltration pipes[J]. Water Science and Technology, 1995, 32(1): 25-32.

[25] HSIEH C H, DAVIS A P. Evaluation and optimization of bioretention media for treatment of urban storm water runoff[J]. Journal of Environmental Engineering, 2005, 131(11): 1521-1531.

[26] 程江,徐启新,杨凯,等. 下沉式绿地雨水渗蓄效应及其影响因素[J]. 给水排水,2007,33(5): 45-49.

[27] 车伍,张伟,王建龙,等. 低影响开发与绿色雨水基础设施——解决城市严重雨洪问题措施[J]. 建设科技,2010(21): 48-51.

[28] LIAW C H, CHENG M S, TSAI Y L. Low-impact development: An innovative alternative approach to stormwater management[J]. Journal of Marine Science and Technology, 2000, 8(1): 41-49.

[29] 胡爱兵,任心欣,俞绍武,等. 深圳市创建低影响开发雨水综合利用示范区[J]. 中国给水排水, 2010,26(20): 69-72.

[30] HE M N, CHEN C, ZHENG F F, et al. An efficient dynamic route optimization for urban flooding evacuation based on Cellular Automata[J]. Computers, Environment and Urban Systems, 2021, 87: 101622.1-101622.14.

[31] HERMAS E, GABER A, BASTAWESY M EI. Application of remote sensing and GIS for assessing and proposing mitigation measures in flood-affected urban areas, Egypt[J]. The Egyptian Journal of Remote Sensing and Space Sciences, 2021, 24(1): 119-130.

[32] CHEN J L, HUANG G R, CHEN W J. Towards better flood risk management: Assessing flood risk and investigating the potential mechanism based on machine learning models[J]. Journal of Environmental Management, 2021, 293: 112810.

[33] CAO X J, QI Y C, NI G H. Significant impacts of rainfall redistribution through the roof of buildings on urban hydrology[J]. Journal of Hydrometeorology, 2021, 22(4): 1007-1023.

[34] CHEN G Z, HOU J M, ZHOU N, et al. High-resolution urban flood forecasting by using a coupled atmospheric and hydrodynamic flood models[J]. Frontiers in Earth Science, 2020, 8: 545612.

[35] BACH P M, KULLER M, MCCARTHY D T, et al. A spatial planning-support system for generating decentralised urban stormwater management schemes[J]. Science of The Total Environment, 2020, 726(3): 138282.

[36] 于津晨,金生. 基于 HydroInfo 的城市内涝数值模拟研究与应用[J]. 水利规划与设计,2021(12):

44-48,54.

［37］董建武. 城市暴雨洪涝水动力数值模拟的研究与应用［D］.大连：大连理工大学,2018.

［38］HLODVERSDOTTIR A O, BJORNSSON B, ANDRADOTTIR H O, et al. Assessment of flood hazard in a combined sewer system in Reykjavik city centre［J］. Water Science & Technology,2015,71(10):1471-1477.

［39］XU D,LIU Y. Research on the effect of rainfall flood regulation and control of wetland park based on SWMM model:A case study of wetland park in Yuanjia village,Qishan county,Shaanxi province［J］. Iop Conference Series: Earth and Environmental Science,2018,121(5):052014.

［40］张伟. 基于 InfoWorks CS 模型的排水管道沉积规律研究［D］.长沙:湖南大学,2012.

［41］何胜男,陈文学,陈康宁,等.中小城市排水系统排水能力和内涝特性分析——以涡阳县为例［J］.水利水电技术,2019,50(9):75-82.

［42］廖朝轩,高爱国,黄恩浩.国外雨水管理对我国海绵城市建设的启示［J］.水资源保护,2016,32(1):42-45,50.

［43］仇保兴. 海绵城市(LID)的内涵、途径与展望［J］.给水排水,2015,51(3):1-7.

［44］陈秋伶,林凯荣,陈文龙,等.多尺度海绵城市系统雨洪控制研究［J］.水利学报,2022,53(7):862-875.

第 2 章

城市雨洪模型研究进展与发展趋势

　　面对日益严峻的城市洪涝问题,如何能够有效地预防或者降低城市洪涝风险成为当下的热点问题,目前应用较为广泛的方法是采用城市雨洪模型开展城市洪涝模拟。根据区域特性,构建适用于不同下垫面区域的城市雨洪模型,设计不同降雨情景,开展不同降雨情景的洪涝模拟及风险评估,可为区域城市雨洪预警管理提供支撑和参考。

　　本章梳理了城市雨洪模型的发展历程,就常用的 SWMM(Storm Water Management Model)模型、MIKE 模型以及其他常用模型的原理进行了解析,归纳总结了不同模型在国内外的应用情况。在此基础上,对比分析了不同模型的原理以及特点,就基于物理过程的雨洪模型的发展趋势进行了展望。

2.1　城市雨洪模型发展历程

　　随着信息时代及计算机技术的迅速发展,一系列用于城市洪涝模拟的水力模型相继问世,通过模型模拟城市洪涝问题逐步成为最常用的技术手段。国外的城市洪涝模拟研究起步较早,一般认为,城市雨洪模型起源于 20 世纪 70 年代,以美国率先研制的模拟城市雨洪水量水质的 SWMM 模型为代表[1],另有美国陆军工程兵团研发的 STORM (Storage Treatment Overflow Runoff Model)[2]模型、英国沃林福特水力学研究机构开发的 Wallingford 模型等。

　　20 世纪 80 年代以后,随着计算机技术的逐步成熟,洪涝数值模拟研究进入快速发展阶段。1984 年,丹麦水利研究所研发的 MIKE Urban 模型可用于地表产汇流计算、排水管网模拟等。20 世纪 90 年代后,随着地理信息系统的广泛应用,城市排水系统水力模型的开发得到长足发展,英国沃林福特水力学研究机构在 Wallingford 模型的基础上进行改进,开发出 InfoWorks CS 分布式模型[3]。Bates 等[4]提出了基于栅格地形的地表扩散波洪水淹没模型 LISFLOOD-FP。Djordjevic 等[5]将地表概化成渠道,构建地表和管网耦合的基于 Preissmann 四点隐格式差分的纯一维模型 SIPSON(Simulation of Interaction between Pipe flow and Surface Overland flow in Networks)。

进入 21 世纪,国外关于城市雨洪数值模型的研究更加深入。Chen 等[6] 提出了一种基于扩散波的二维地表水力学模型,并通过集成 HEC-1 水文模型、河道一维模型、SWMM 模型开发了 UIM(Urban Information Model)模型。Chen 等[7-9] 致力于利用粗网格的高效性模拟地表洪涝过程,为提高计算精度,把建筑覆盖率和运输减少因子应用在城市洪涝模拟中。然而,现实中阻水构筑物难以避免地与粗网格的边缘交叉,仅通过一个粗网格难以描述实际的汇流关系,Chen 等又研究提出分层网格的概念,依据粗网格内地形信息,将粗网格分为多个细网格,以反映粗网格内部建筑物分隔下的水流特性,进而实现粗网格对精细化地形的近似模拟效果,并利用 UIM 模型研究了地表网格中建筑物对水流的影响。Leandro 等[10] 将 SIPSON 模型与 UIM 模型的耦合模型进行了对比研究;之后 Leandro 等[11-12] 在 Matlab 和 Fortran 环境下,开发了基于多 CPU 和多核并行化计算的扩散波的二维地表洪水模型 P-DWave,并通过调用 SWMM 模型动态链接库,实现了 P-DWave 与 SWMM 模型的双向耦合。Jamali 等[13] 通过集成一维管流模型与快速洪水淹没模型开发了 RUFIDAM（Rapid Urban Flood Inundation and Damage Assessment Model)模型。Nguyen 等[14] 结合 MIKE Urban、LCA(Lumped Conceptual Approach)、W045-BEST 和 MCA(Muskingum-Cunge Method)四个子模型,提出了一个新的海绵城市模型,该模型不仅可用于评价城市雨水基础设施的排水能力,而且可用于城市水系统的多指标分析。

Hsu 等[15] 开发了一套基于 ADE 数值格式求解扩散波方程的二维地面模型,并与 SWMM 模型进行耦合,该模型在台湾地区得到了广泛的应用。Chang 等[16-17] 采用具有开放边界的一维非矩形和非逻辑通道流解决了具有光滑粒子流体动力学(Smoothed Particle Hydrodynamics,SPH)的浅水方程(Shallow Water Equations,SWE)问题;提出了基于平滑粒子流体动力学的浅水计算方法。胡昊天等[18] 开发出基于集对分析法优化的防洪标准方案来建立降雨模拟模型、山区流域地形三维模型、促进径流模型建立。龚佳辉等[19] 基于开发出的 GPU 技术数值模型,通过分析得出 GPU 加速技术适用于大范围高分辨率问题的模拟。叶陈雷等[20] 基于不同降雨情景与 SWMM 模拟数据集建立长短期记忆神经网格模型来模拟降雨径流关系。周宏等[21] 根据不同的下垫面子汇水区回流路径,采用不同产汇流计算方法构建了精细模拟模型,可为城市防洪排涝以及海绵城市建设提供技术支撑。

Yang 等[22] 提出了将 SWMM 的模拟结果作为 ECNU Flood-Urban 模型的输入边界条件,模拟城市环境中的降雨径流过程,结果表明模型的模拟结果是可靠的,可为存在严重溢流问题的特定地点提供一定的参考价值。Song 等[23] 通过建立 InfoWorks ICM 模型评价了海绵城市建设控制暴雨水量的效果,为城市雨水综合管理提供了一种新的方法。

国内城市洪涝模拟研究开始于 1980 年,刘树坤等[24] 在国内率先采用规则网格进行地表二维水动力洪水模拟,开了城市洪涝分析方法与数学模型研究先河。针对管网数据匮乏的现状,仇劲卫等[25] 利用排水分区将相关网格内的管道概化为等效管网,模拟管网系统对地表积水的排水能力。张大伟等[26-28] 在进行地表二维数值模拟时,考虑了社区和房屋的溶水性,提出了侵入水量的概念,后来通过采用 Godunov 格式对完整二维浅水方程组进行非结构离散,开发了地表径流二维水动力模型,提高了复杂明渠水流运动模拟的适用性;通过假设坡面流为均匀覆盖流域地表的片状薄层水流,有效解决了地表水流模拟的干湿转化难题。2015 年,水利部防洪抗旱减灾工程技术研究中心、中国水利水电科学研究院减灾中心对 SWMM 管网水力模型进行改进,并添加至已有洪涝分析模型[29-30]。张念强等[31]采用等效体积法与管网水力模拟相结合的方法对地下排水计算进行改进,实现了特殊道路通道和网格上的地上、地下水流交换,在一定程度上提高了地下排水模型的适用性。近年来,珠江水利科学研究院研究团队研发了水动力及其伴生过程耦合模拟软件 HydroMPM,实现了河道一维与地表二维的耦合计算[32]。侯精明等[33]采用 Godunov 格式的有限体积法数值求解二维浅水方程,提出了基于动力波法的高效高分辨率城市雨洪过程数值模型,可用来模拟城市降雨径流及内涝积水过程。

国内针对城市排水模型的研发起步相对较晚[34]。1990 年,岑国平等[35-36]在城市地表产汇流和管网汇流研究的基础上,在国内较早提出了城市雨水管道计算模型 SSCM。周玉文等[37-39]先后研制了城市雨水径流模型 CSYJM、城市排水管网系统的非恒定流模型 CSP-SM。2006 年,耿艳芬[40]利用经验公式构建地面与地下管网联系,基于水力学构建了一维、二维耦合的城市雨洪水动力模型。2015 年,喻海军[41]以 Preissmann 四点隐式差分格式离散控制方程,并引入节点水位迭代法,建立了一维管网满流的计算模型;同时基于非结构网格中心型的有限体积法,借助引入隐式的双时间算法构建了地表二维水动力模型。Wu 与曾照洋等[42-43]将二维水动力模型 LISFLOOD-FP 与 SWMM 模型进行耦合,实现了对东莞市暴雨内涝的情景分析。潘安君[44]提出了分布式立体化城市洪水模型,把城市雨洪产汇流过程分为 4 个部分,自上而下依次为二维地表网格、一维路网、一维管网和一维河网;模型 4 个部分单独离散建模,路网与管网垂向叠置,路网模型作为"桥梁"连接地表与管网;在河网中,地表、路网和管网的水流可以直接流到相邻的河网单元。

喻海军等[45]通过混合流数值模拟方法、混合流物理模型及城市排水管网混合流模型三个角度梳理和综述关于混合流的研究,并提出将来的研究方向是用激波拟合法处理混合流。王兆礼等[46]基于 SWMM 和 TELEMAC-2D 模型构建一种新的耦合模型 TSWM(Tanks in Series Water Management Model),之后通过实测暴雨事件进行模型验证、与不同的模型进行精度对比等方式评估了 TSWM 模型的适用性和可靠性,结果表明 TSWM 模型能够更加精确地模拟城市内涝情况。

国内外行业专家也利用水文数学模型对城市雨洪模拟展开了大量的研究。Bisht 等[47]通过 MIKE 21 模型和 SWMM 模型构建了区域高效排水系统,突破了一维 SWMM 模型模拟洪水范围和洪水淹没情况的局限性。此外,还有许多专家学者通过不同城市雨洪模型进行了相关模拟研究[48-52]。

2.2　城市雨洪径流模型概述

2.2.1　SWMM 模型

SWMM 是美国国家环境保护局(EPA)在 20 世纪 70 年代开始开发的水文、水力、水质模型。SWMM 模型先后经历了 5 个版本。

SWMM 模型将城市水文过程概化为水和溶质在四个环境模块中的输移过程：①大气模块——产生(输入)降水和污染物；②地表模块——子汇水区，接收雨、雪形式的水量输入，通过下渗向地下水模块输出，通过地表径流向运移模块输出；③地下水模块——蓄水层模块，以地下水层表征，接收子汇水区传输的下渗量，并向运移模块输出部分水与污染物；④运移模块——包含管道、沟渠、水泵、水阀、储水单元等水网内的所有要素，接收所有其他模块和用户自定义的水量和溶质输入(例如基流、点源污染等)，最后向出水口输出。这四个模块间的水量输移路径有地表径流、下渗、地下水、地表积水和融雪等。以上模块并不是在每次模拟时都应用，而是根据用户自己的需要选择使用，比如一次模拟可以只计算运移部分，用事前定义好的水文曲线作为输入即可，大气模块、地表模块、地下水模块便可省去了。

基于上述四大模块，SWMM 通过一系列的可视化要素实现了一个城市雨洪排水系统的概化，首先通过雨量计将降雨、降雪、污染物数据导入模型，子汇水区区别下垫面属性，接收雨量计传输的数据，处理后传输给节点，然后节点再通过管道、泵站等运移模块要素连接，最后输出到出水口，完成对一场降雨(降雪)的产汇流过程模拟。

2.2.2　MIKE 模型

MIKE FLOOD 是由 DHI Water & Environment & Health 独立开发，将一维模型 MIKE Urban 或 MIKE 11 和二维模型 MIKE 21 动态耦合的模型系统，可以同时模拟排水管网、明渠河道、各种水工构筑物或排水系统附属构筑物以及二维坡面流，适用于流域洪水和城市洪涝等课题相关的模拟研究。三个软件模块在单独应用时有其各自不同的应用领域和适用条件。通过一、二维模型耦合技术，取长补短，可有效发挥 MIKE 系列一、二维模型的优势，避免 MIKE 11、MIKE Urban(Mouse)、MIKE 21 等系列模型单独使用时出现的模型空间分辨率和模型计算准确率等的限制问题。即通过一、二维模型的耦合，整个模型系统可对分洪对河道水位的影响进行自动分析，以及对河道水位下降对城市、蓄滞洪区分洪量的影响进行分析，从而提高模型系统的模拟精度和可靠性[53-56]。

根据不同的应用情境将其中的 MIKE Urban 或者 MIKE 11 与 MIKE 21 进行动态耦合，以弥补各个模块单独模拟时的不足。

MIKE 11 用于模拟一维河道水体的流态，具备很强的计算能力，能够模拟复杂的河道。其核心算法是通过利用六点隐式有限差分法来求解流体力学的一维圣维南方程组，计算河道水位和流量随时间和一维空间的变化规律[57]。此外,它的模块内还包括地表降雨径流模块,模拟流域或者自然状态下的地表径流过程。MIKE 11 主要用于模拟闸门、堰、泵站等各种河道构筑物,模拟溃坝的过程,模拟污染物扩散迁移的过程等[57]。然而,MIKE 11 还是存在一定的不足,模型在计算时只能计算沿水流方向的运动,忽略了水流在垂直方向和横向的变化。

MIKE Urban 是基于地理信息系统数据库来建模的城市给排水管网系统模拟软件,借助 ArcGIS 等资料前处理软件帮助快速简洁地完成模型建模过程。MIKE Urban 的排水管网模块(Collection System,CS)能够模拟污水管道水流、污染物迁移变化和生物化学反应过程等[58]。排水管网模块的模拟过程分为两个步骤:地表降雨径流模拟和排水管网模拟。其中,降雨径流模块输出的地表径流结果作为排水管网模拟的上游来水边界条件。MIKE Urban 同样通过六点隐式有限差分法来求解一维的水流问题,即认为水流只沿水流方向产生变化[59]。

MIKE 21 是二维水动力学模型,能模拟出水位、流速等在水平方向的变化。该模型被广泛应用于河流、湖泊、港口、海岸和海洋等场景的水流模拟[60]。MIKE 21 的核心算法有两种,一种是应用隐式差分法求解圣维南方程组,通过生成矩形网格进行计算,计算过程比较简单;另一种是应用有限体积法求解圣维南方程组,通过生成三角形不规则网格进行计算,计算过程比较复杂[61]。

2.2.3　其他雨洪模型

除了 SWMM 模型和 MIKE 模型,目前被广泛运用的城市雨洪径流模型多达数十种,例如 TUFLOW、STORM、IFMS Urban 等模型软件[62],其中有些软件专注于河道计算,有些软件注重城市计算,有些软件注重地表积水的模拟。MIKE 系列软件、InfoWorks ICM 等少量软件同时考虑了地表精细化产汇流、水体调蓄、河道演进、管流运动等相关要素。本节选取较常见的除 SWMM 模型和 MIKE 模型外的 3 个代表性城市洪涝模型软件,对其发展过程进行简要阐述。

1. InfoWorks ICM 模型

InfoWorks ICM 模型由英国 Wallingford 软件公司研制而成,相比于 MIKE Urban 等其他商业软件,InfoWorks ICM 具备更全面的前后处理功能。它在 InfoWorks CS 早期版本基础上发展而来,由降雨径流模型(WASSP)、水质模型(MOSQITO)和压力流管道模型(SPIDA)及非压力流管道模型(WALLRUS)4 个部分组成。InfoWorks ICM 提供了多种分布式地表产汇流模拟方式,产流模型包括 Wallingford 固定产流模型、英国(可变)产流模型、固定比例产流模型、美国 SCS 产流模型、固定渗透模型等,汇流模型包括双线性水库(Wallingford)模型、大型贡献面积径流模型、SPRINT 径流模型、Desbordes 径流模型、SWMM 径流模型等。

InfoWorks ICM 模型的模拟是建立具有代表性的城市排水管网系统和河流系统的计算机模型,利用模型测试系统对不同条件的反映,了解其运作及相应效果的过程。

InfoWorks ICM 模型在一个独立模拟引擎内，完整地将城市排水管网及河道的一维水力模型，同二维城市/流域洪涝淹没模型结合在一起，是世界上第一款实现在单个模拟引擎内组合这些模型引擎及功能的软件。

InfoWorks lCM 包含排水管网系统水力模型、河道水力模型和二维城市/流域洪涝淹没模型，系统完整地模拟城市雨水循环过程，实现了城市排水管网系统模型与河道模型的整合，更为真实地模拟地下排水管网系统与地表收纳水体之间的相互作用。

InfoWorks ICM 可以仿真模拟各种复杂的水力状况，它能够真实地反映水泵、孔口、堰流、闸门、调蓄池等排水构筑物的水力状况。主要特色体现在：

(1) 一维和二维引擎的完美结合，精确而有效地仿真城市复杂的洪水流动；

(2) 稳定的管流计算，重力流、压力流及过渡状态的精确模拟；

(3) 自动容量补偿，考虑未被纳入模型中的检查井及管线的调蓄容量；

(4) 可模拟所有排水功能设施，包括水泵、堰、闸门等；

(5) 可模拟污水处理厂和简单河道的水力状况；

(6) 集水区自动从背景图中提取；

(7) 根据不同土地分类，计算地表产流以及汇流量；

(8) 灵活模拟居民生活污水、工业废水及地下入渗水量等晴天流量；

(9) 实时控制 RTC 模拟调度方案；

(10) 模拟管道中的泥沙淤积；

(11) 强大的水质模型，评价污染状况；

(12) 城市雨水管理中可持续构筑物(SUDS)的模拟仿真；

(13) 自动生成 Overland Flow 坡面漫流路径。

InfoWorks ICM 是世界上唯一能够运用圣维南方程而没有超过其稳定性标准的软件，可以保证模型计算的精度与稳定性，并且在 InfoWorks ICM 中，调整其时间步长可以减少模拟的时间，同时使模型结果文件变小。同时，InfoWorks ICM 基于数据库的系统框架的设计，以及历史版本记录的功能，能够实现多用户在同一个模型基础上进行编辑、修改和工作，实现多用户协同工作，同时各人修改的历史记录能够得到跟踪保存，有利于后续模型的检查和修正，保证模拟的准确性。

2. HEC-RAS 模型(Hydrologic Engineering Center's River Analysis System)

HEC-RAS 是一个由美国陆军工程兵团工程水文中心(HEC)开发的河道水力计算程序，目前已迭代至 5.0.7 版。HEC-RAS 目前支持一维/二维水动力模型、一维动床输沙模型、一维水质模型，还具备耦合水工建筑物(坝、堤、堰、涵管、桥梁等)的能力。HEC-RAS 免费开放给公共领域，保持稳定的开发进度，在水利设计、溃坝评估、洪泛区评估、桥梁涉水设计、泵站调度等方面具有广泛的应用。

3. EFDC 模型(Environmental Fluid Dynamics Code)

环境流体动力学模型(EFDC)，最早是由美国弗吉尼亚州海洋研究所 Amrick 等根据多个数学模型集成开发研制的综合模型，集水动力模块、泥沙输运模块、污染物运移模块和水质预测模块于一体,可以用于包括河流、湖泊、水库、湿地和近岸海域一维、二维和三维物理、化学过程的模拟。

灵活的变边界处理技术、通用的文件输入格式,能快速地耦合水动力、泥沙和水质模块,省略了不同模型接口程序的研发过程。同时 EFDC 开发有完整的前、后处理软件 EFDC Explorer,采用可视化的界面操作,能快速地生成网格数据和处理图像文件。此外,通过运行速度测试发现,EFDC 模型的计算效率较高。

EFDC 模型由水动力模块、水质模块组成。其中,水动力模块基于对 Navier-Stokes 方程的求解即通过数值方法求解流体力学方程,模拟流体在三维空间中的运动变化,基于有限差分技术,将底层土壤表层及其下层排水层分别离散化为若干个水平层,并将这些水平层划分为若干个网格点。

在 EFDC 模型中,水动力模块主要分为三个部分:水面过程、水体过程和边界条件处理。其中,水面过程主要描述水面运动、蒸发、沉淀和气体交换等过程;水体过程则描述包括水流、底泥运移及物质扩散等动力学过程;边界条件处理则是模拟物理边界条件下的水动力学现象。

2.3　城市雨洪模型的应用

2.3.1　SWMM 的应用

SWMM 模型是研发较早、适用范围较广的城市雨洪径流模型,自 1971 年被研发之日起,得到世界各地的广泛应用,深受诸多学者的广泛关注[63]。国外的相关研究普遍较早,1974 年,Meinholz 等[64]使用 SWMM 模型分析了美国一地区的下水道涌水情况,并对三种处理措施效益的优劣进行了评价。1994 年,Lei 等[65]对 SWMM 参数的不确定性展开了研究,分析了各参数的影响效应。1995 年,Liong 等[66]采用遗传算法进行 SWMM 模型参数的率定,得到了更好的预测结果。1998 年,Shamsi[67]为了提高模拟精度而提出了把 SWMM 与 ArcView 结合的设想,为雨洪模型的建立增加了新的方法。1999 年,Campbell 等[68]应用 SWMM 进行当地降水径流过程模拟,进而计算地表径流的损失量,其研究结果与预期设想相一致。2001 年,Zaghloul 等[69]采用人工神经网络算法进行了 SWMM 模型的参数敏感性分析,对模型径流参数和汇水区域参数的确定有重要意义。

2015 年,Rosa 等[70]对低影响开发模块的参数率定进行了研究。2016 年,Bisht 等[71]将 SWMM 模型和 MIKE Urban 模型进行耦合,建立了一种城市洪水和排水模型。2017 年,Peleg 等[72]基于 SWMM 模型对降雨空间差异和径流量对气候变化的响应进行了分析。Baek 等[73]通过修改雨水管理模式(SWMM)中 LID 的水质模块,评估了 LID 设施模拟总悬浮固体(TSS)、化学需氧量(COD)、总氮(TN)和总磷(TP)的模块性能,基于 SWMM 模型进行了气候变化情景下的 LID 情景分析,改进后的模型为污染物模拟提供了准确的结果,该研究表明,水文输出对降水量敏感,水质结果对降水的时间分布敏感。

Yang 等[74]基于等时线和 SWMM 模型,建立了设计暴雨(重现期分别为 2 年、5 年、20 年和 30 年)驱动的分析框架,并在沣西新城流域进行了验证,以峰值流量、流出量、降雨径流比、海绵城市建设所储存的雨水等指标对模拟结果进行分析,结果表明海绵城市基础设施显著降低了集水区雨水外溢的风险,并通过峰值流量的严格限制显著缓解了下游地区防洪系统的压力,该研究为量化海绵城市在复杂模式下对降雨的响应提供了一种实用的方法。Rabori 等[75]基于 SWMM 模型,估算半干旱地区(伊朗西北部赞詹市)的城市洪水,并对研究区的城市排水系统的性能进行了研究,结果表明,SWMM 模型是半干旱地区城市洪水预报的有效工具,城市洪峰流量的模拟精度在可接受范围内。Huang 等[76]基于 GIS 和 SWMM 模型,介绍了一种利用 SWMM 和 GIS 进行城市二维淹没分析的方法,提出了流域划分的几何方法和淹没算法,并且以漳州市龙文区为例进行了实例研究,研究表明改进后的流域划分方法补充了地形的排水效果,改进后的淹没算法可以在无边界条件下,根据源扩散和动态分布原理,得到合理的淹没分布。

Zeng 等[77]设计并实现了一个基于 SWMM 的 Web 服务框架(Web-SWMM),为城市水资源管理提供实时计算服务,并在中国的一个城市地区应用了 Web-SWMM,结果表明,Web-SWMM 能够稳定、快速、准确地提供实时计算服务。Hamouz 等[78]采用具有低影响开发控制的雨水管理模型(SWMM),对位于特隆赫姆沿海地区的绿色和灰色(基于挤压轻质骨料的无植被滞留屋顶)屋顶的水文性能进行建模,使用先前监测的绿色和灰色屋顶的高分辨率 1 分钟数据进行校准,校正模型验证,实测径流与模拟径流拟合良好,结果表明,SWMM 可用于模拟不同屋顶方案的性能。Yazdi 等[79]比较了 SWMM 模型和 HSPF 模型在模拟城市流域的径流、洪峰流量和基流方面的能力,分析发现两种模型均能很好地模拟水流;然而,HSPF 比 SWMM 模拟基流效果好,而 SWMM 比 HSPF 模拟峰值流效果好,整体敏感性分析结果表明,SWMM 的径流变异性大于 HSPF,而 HSPF 的基流变异性大于 SWMM。Randall 等[80]以北京市为例,基于 SWMM 模型,论证了利用长期连续水文模型来评估在较长时期内实现降雨捕获目标的可能性,该研究可为研究区未来规划提供决策依据。Zhang 等[81]提出了一种改进的 SWMM(SWMM-LID-GW)的开发、校准、验证和测试方法,它将地下水反馈纳入 LID,模拟了不同环境条件下 LID 工程的水文特性,并在此基础上评价了地下水位埋深、降雨类型和原位土壤类型对 LID 工程的影响,文章还提出了一些通用的非线性多元公式,可用于预测浅层地下水环境的水文动态,为浅层地下水环境下 LID 工程的可行性分析提供依据。Tang 等[82]将自动校准技术与密集的现场监测数据相结合,使用 SWMM 模型对雨水水质建模进行稳健性分析,将中国深圳凤凰城作为研究区,利用 37 个降雨事件模拟了 5 个水质变量(COD、NH_3-N、TN、TP 和 SS)和 13 种 LID/non-LID 基础设施,结果表明,对于不同的水质变量和 LID 类型,模型的模拟性能是令人满意的,绿化带和雨水花园的水质模型表现最好,而绿色屋顶的模拟效果不如其 LID 措施类型的效果稳定,该研究有助于提高目前对在海绵城市设计中使用 SWMM 模型的可行性和稳健性的认识。

Fu 等[83]以台湾地区涿水河流域为研究区域,以流域(大)、流域(中)、城市(小)三个尺度,对城市化引起的径流量变化进行评估与交叉分析,并根据目前和未来的土地利用情景,分别在流域和城市尺度上用 HEC-1 和 SWMM 模拟了城市化对径流的影响,两个模型的计算结果基本一致,表明 2008—2030 年,城市化将导致径流峰值明显增大,在低重现期,城市化对径流的贡献更大,城市化对径流的贡献也远大于城市面积。

虽然国内 SWMM 模型的相关研究起步稍晚,但进展很快。刘俊和徐向阳[84]于 2001 年引进 SWMM 模型,并以天津市区某河道为例,进行排涝模拟实验。丛翔宇等[85]选取北京市某典型小区,基于 SWMM 模型分析了不同暴雨条件下的排水情况。2008年,董欣等[86]基于 SWMM 模型对城市不透水区域的地表径流进行模拟,并对参数进行了识别与验证。同年,赵冬泉等[87]在不同坡度下分析了 SWMM 模型子汇水区概化时的细化程度对模拟结果的影响。2012 年,张倩等[88]利用径流系数法,从降雨径流过程和降雨径流总量两个角度出发对模型进行了科学验证。

2014 年,李春林等[89]对 SWMM 参数的局部敏感性进行了研究。2015 年,黄国如等[90]基于 GIS 和 SWMM 模型,通过 3 场实测降雨资料对海口市海甸岛部分区域进行了模拟研究,且模拟效果较为理想。2018 年,刘春春等[91]在清河流域运用 SWMM 构建了集总水文模式和半分布模式,提出集总水文模式拟合更好的结论,且分析了原因,同时运用明渠对河流进行概化,分析了不同重现期下径流过程的模拟情况。卢茜等[92]采用 SWMM 模型研究某片老城区在不同重现期下降雨的影响,分析现有排水管网的排水能力,对超载管道及积水区域提出了两个初步排涝方案和两个优化排水方案,研究成果对选择城市进行管网改造比例和 LID 措施比例有着一定的借鉴和指导意义。吴沛霖等[93]构建了张家港市排水防涝 SWMM 模型,根据排水系统与排涝系统的不同需求,推出适用于城市排水防涝系统的综合设计雨型,运用指标体系法,根据内涝积水深度、积水时间和所在地敏感性定义了排水防涝风险级别,绘制了不同重现期的内涝风险图并分析了易涝原因,该研究为其他城市进行排水防涝风险的评估、完善排水防涝体系提供了思路。郑恺原和向小华[94]建立了基于 SWMM 和 PSO-GA 的多目标优化模型,采用极小-极大法构建多目标优化问题的适应度函数,将改建管道的数量与管径作为优化变量,通过对 SWMM 模型的修改,输出 30 年暴雨重现期下各个排水井的节点水头和各个溢流井的积水历时,并将其综合作为优化函数的输入变量,着重分析管网优化后的城市内涝情况,求解得出 10 种改建方案,并对部分方案进行对比,该研究对城市雨水管网建设具有一定的借鉴意义。

朱培元等[95]利用 SWMM 模型模拟了多 LID 措施串联的不同方案在不同重现期降雨条件下的削峰减排效果,结果表明雨水桶相比绿色屋顶对总径流量有更强的削减作用,而绿色屋顶比雨水桶有更好的洪峰控制效果,尤其是在高强度降雨条件下,单用雨水桶不能发挥削峰效果,绿色屋顶与雨水桶串联比各自单独使用能发挥更强的削峰减排效能,且在高降雨强度下串联优势更明显,研究成果可为住宅区雨水系统的径流控制提供参考。刘洁等[96]以成都市某住宅区域为研究对象,通过 SWMM 模型进行该区域在现状条件下和采用不同低影响开发(LID)措施方案下的洪水模拟,分析和评估 LID 对不同频率城市雨洪的削减效果,结果表明在城市排水系统现状水平下,适当增设 LID 措施,能够

在一定程度上提高城市的防洪能力,经济有效地缓解城市内涝问题。章双双等[97]基于
SWMM 模型计算典型降雨频率为 80% 的 3 组组合设施的径流总量,根据经济成本的函
数计算不同情境下的经济成本,采用线性归一化法和最优化目标函数确定不同设施占比
的最优化方案,结果表明耦合 SWMM 模型与最优化目标函数能计算出城市化区域不同
低影响开发设施占比的经济—效益最优解,研究成果可为低影响开发设施优化配置提供
思路,可为当地政府和决策者在低影响开发建设规划中提供技术参考。

　　郝金梅等[98]构建了基于 SWMM 的城市水文模型,并对模型的参数进行了率定和验
证,结果表明,沧州市城区积水深度模拟过程与实际观测过程一致,构建的城市水文模型
可以较好地模拟沧州市内涝过程,可为城市防涝减灾和海绵城市建设提供重要的依据。
陈韬等[99]以北京通州某建筑小区海绵改建示范项目为研究对象,利用 SWMM 雨水管理
模型,依据降雨径流实测数据率定、校验模型参数,构建了海绵改建小区雨水径流多级调
控系统,分析了海绵改造前后以及不同情景下 LID 设施参数、管道参数等对雨水调控能
力的影响。胡彩虹等[100]以贵州省贵安新区示范区为例,构建暴雨洪涝模型(SWMM),
选择 SCS 径流曲线计算下渗量,比较模型模拟流量与研究区排水口的实测流量,结果表
明模拟径流过程与实测径流过程吻合较好,用于校准和验证的 5 场降雨径流的模拟误差
和 Nash 系数也均符合标准,该研究可为该地区海绵城市建设以及雨洪管理措施的实施
提供理论依据。

　　冉小青等[101]以江西省萍乡市某道路为研究对象,对研究区域进行概化、率定及验证
后,运用 SWMM 模型模拟 2 年、10 年、100 年一遇设计降雨条件下道路出口的径流过程,
分析下沉式绿地、透水砖和透水路面 3 种典型海绵措施组合方案的雨洪控制效果。王琳
等[102]以济南市韩仓河流域为例,运用 SWMM 模型模拟分析不同降雨强度、不同雨峰系
数条件下,流域宏观 LID 措施对流域水文和水质的控制效果,结果表明,随着降雨重现
期 P 值的增大,流域雨水湿地体系规划方案对流域平均流量、峰值流量、污染物负荷的削
减效果逐渐减弱。

　　张硕等[103]以湖南某市某道路为研究对象,基于 SWMM 模型模拟现状条件下,采
用 Morris 筛选法对 Horton 最大下渗率、Horton 最小下渗率、Horton 衰减系数、管道曼
宁糙率、不透水区曼宁系数、透水区曼宁系数、不透水区洼地蓄水深度、透水区洼地蓄水
深度这 8 个参数进行敏感性分析,结果表明各参数的灵敏度与暴雨强度和下垫面透水性
相关。杨丰恺等[104]以武汉市黄孝河城区雨水管网系统为例,基于 SWMM 模型对初期雨
水特性进行模拟分析,以 COD 浓度≥50 mg/L 为初期雨水的界定标准,分别从初雨持续
时间、污染物冲刷比例及径流深度三方面综合分析降雨强度和汇水面积大小对初雨特性
的影响。霍锐等[105]以紫竹院公园为研究对象,结合地理信息技术中的泰森多边形法则
对研究区域进行合理概化,运用 SWMM 模型模拟在一年一遇设计重现期、降雨历时 2 h
下,集雨型绿地对雨水径流的调控效果,并针对模拟结果,提出改造公园边界、防止雨水
外排及增加净化措施、改善公园水质等具体改造策略。

　　吴慧英等[106]采用 SWMM 作为研究工具,首次提出以全局管网淤积系数(GSC)作为

自变量,以排水系统溢流节点数量及节点溢流量作为因变量,对城市排水系统进行模拟计算与分析,系统探讨了市政管道泥沙淤积程度对溢流积水及内涝影响的研究方法及步骤,提出控制全局管网淤积系数,可调控管理研究区域内的溢流节点数和总溢流量,并将研究方法成功应用于广州市某排水系统中。黄国如等[107]通过将 SWMM 模型与自主研发的二维模型进行水平和垂向方向的连接来构建水文水动力耦合模型,模拟城市的内涝情况,就模型模拟结果与 InfoWorks ICM 软件结果进行对比分析,具体阐述了垂向连接的科学性,并在最后应用实测降雨进行模型率定验证,结果表明该耦合模型能够很好地模拟出城市洪涝情况。沈炜彬等[108]通过 SWMM 模型对海绵城市建设情况从年径流总量和年径流污染控制率两项指标进行模拟评估,最后得出该城市海绵城市建设能基本满足国家标准及省市要求。

2.3.2　MIKE 的应用

近年来,MIKE 系列模型由于稳定性好、精度高及模拟范围广等优点深受国内外专家学者的喜爱,将其广泛应用于城市排水管网、溃堤洪水预警甚至流域水资源供需平衡等模拟研究。

叶爱民等[109]以浙江嘉兴地区为研究对象,运用 MIKE 11 软件建立一维河网模型,模拟河道水位变化情况,再运用 MIKE 21 软件建立该区域二维模型,模拟暴雨情况下的洪水演进过程,最后运用 MIKE FLOOD 耦合模型,分析区域内洪水演进过程,评估区域洪水风险,便于该地区洪水风险图编制。周小飞[110]通过 MIKE FLOOD 平台耦合 MIKE Urban 一维排水管网模型和 MIKE 21 二维地表漫流模型,构建城市中心城区暴雨内涝风险评估模型,模拟评估不同频率暴雨条件下中心城区的内涝危害,对积水深度、积水时间以及积水范围按照不同等级暴雨内涝风险进行划分,并制作不同情景下区域内涝风险图,进而评估内涝灾害损失。

此外,王成坤等[111]以 MIKE FLOOD 为计算平台,耦合了东莞某区城市雨水管网模型(MIKE Urban)、城市水系模型(MIKE 11)和区域漫流模型(MIKE 21),指出区域现状排水系统建设标准较低,且由于雨水管渠规格偏小、外江水位顶托导致区域内涝,并提出现状排水管网改造、竖向管控以及新建雨水泵站的内涝综合治理方案。王世旭[112]选取 MIKE 11 与 MIKE 21 进行一、二维耦合建模,对济南市主城区雨洪水过程进行了模拟,在相应模拟结果基础上对研究区洪涝灾害等级进行了划分,并提出相关防洪排涝规划。艾小榆等[113]基于 MIKE FLOOD 平台,对潖江蓄滞洪区建立 MIKE 11 一维水动力数学模型、MIKE 21 FM 二维水动力数学模型,运用模型模拟计算了五种运行调度方案在不同工况、不同洪水频率下的削峰效果、区域淹没范围及水深等,用以选择最优调度运用方案。赵华青等[114]把分布式水文模型 MIKE SHE 与水动力模型 MIKE 11 结合起来建立了 MIKE-A-R 耦合模型,该模型不仅考虑了流域出口横断面处的洪水过程,还考虑了不同的降雨以及下垫面条件等参数的影响,从而使得该模型精度得到了很大提升,而且使得该模型能适用于其他流域。栾震宇等[115]基于 MIKE FLOOD 平台耦合 MIKE

Urban 与 MIKE 21 模型并以湖南省新化县典型区域作为研究对象进行洪涝模拟,结果表明该地区的多处易涝点需采用相应处理方案。国内许多专家学者也应用 MIKE FLOOD 软件对所研究区域内洪涝风险进行评估[116-120]。

MIKE 系列软件也深受国外专家学者青睐,用以对不同情境下的城市洪涝进行模拟研究[121]。例如,Li 等[122] 通过 MIKE FLOOD 平台耦合 MIKE Urban 和 MIKE 21 模型,建立了区域水动力 MIKE 洪水模型,用 Morris 筛选法分析参数对模拟结果的影响。结果表明,水文衰减系数和不透水性对总径流和洪峰流量的影响较大,衰减常数对水质的影响较大。其通过该模型模拟了传统开发模式(TD)和低影响开发模式(LID)下不同降雨条件下城市雨水径流和水质的变化,结果表明 LID 措施对城市暴雨径流的水质和水量有较好的控制作用,但随着重现期的增加,LID 措施的效果会逐渐减弱。Kadam 等[123] 利用 MIKE FLOOD 建模工具,将一维 MIKE 11 河网模型和二维 MIKE 21 水动力模型相结合,对河道漫滩进行了洪水淹没模拟,并将模拟结果与实测数据进行对比分析,表明 MIKE FLOOD 模型能较好地模拟河网漫滩洪水淹没情况。Behzad 等[124] 以墨尔本市东南部城区为研究对象,以 MIKE FLOOD 模型为工具,对区域进行模拟,结果显示该模型对基于高精度 DEM 数据的二维水动力计算响应更快,能更准确、快速地进行模拟,证明 MIKE FLOOD 软件是一款精确高效的城市雨洪模拟软件。

2.3.3　其他雨洪模型的应用

1. InfoWorks ICM 模型的应用

随着城市化进程的加快和信息化技术的普及,排水系统信息化的建设也正在快速发展,模型的应用也得到重视与普及。InfoWorks 模型在国内排水工程上的应用案例已越来越丰富。

对于 InfoWorks 模型,英国学者采用 InfoWorks CS 模型比较了不同的可持续性排水设施(SuDS)联用与应用单一设施的效果差异,结果表明多种措施联用灵活性更强,同时更有助于控制成本和水质以达到预定目标。德国学者则采用 InfoWorks 软件对柏林排水系统的三个子集水区进行模拟,探索了削减合流制溢流污染的可能性[125]。此外,爱尔兰学者还研究了采用黑箱结构来改善 InfoWorks 模型在部分情况下可能发生的低估降雨径流量的问题,取得了一定的成效[126]。

王喜冬[127] 应用 Hydroworks 和 MIKE 11 分别建立了香港岛南区市政雨水管网系统模型和郊区排洪沟系统模型,采用 InfoWorks 3.0 研究香港岛污水管网系统总体规划情况。高林峰[128] 应用 InfoWorks 模型软件构建了上海市污水治理二期工程中大型污水输送系统的水力模拟模型,运用实际运行数据校核验证该模型可以很好地体现污水输送系统的运行状况,采用自动水泵运行顺序可以获得比手动控制更稳定的水位。郭芝瑞等[129] 基于 InfoWorks ICM 对排水系统提标改造中的调蓄池位置的选择进行了研究。吴海春和黄国如[130] 基于 PCSWMM 模型对某城区进行内涝风险评估研究。隋军等[131] 采用 InfoWorks ICM 软件构建了城市密集建成区某流域排水系统的水质水量模型并将实测数据运用于模型校核率定,建立了较为精确的流域排水系统水质模型。程涛等[132]应用 InfoWorks ICM 建立济南市山前平原区一维排水管网模型和二维地面淹没模型,对研究区历史暴雨洪水进行了评估,为研究区防洪减灾工作及正在进行的"海绵城市"建设工作提供科技支撑。

李永坤等[133]基于 InfoWorks ICM 城市流域洪涝模型,利用流域出口水文监测断面实测降雨径流过程进行率定验证,通过情景构建定量评价流域"3+5+7"海绵措施对场次及年度降雨径流过程的综合影响。甄志雄[134]则探索了 InfoWorks 模型在广州市污水管网中应用的可行性,为该地区排水管网的设计、管理和运行提供了重要参考。祁继英等[135]则针对上海市虹南排水系统建立了 InfoWorks 模型,对管网布局、调度方式和工程方案进行了系统优化。王婧琛[136]则对广州市某排水管网系统建立 InfoWorks 排水模型,研究了模型在城市排水管网改造中的应用。姚宇[137]则分别对上海和蚌埠某片区建立 InfoWorks 模型,为非点源污染控制和排水管网优化提供了有力依据。此外,黄俊等[138]也综述了 InfoWorks CS 在合流制污水溢流控制方面的应用。

2. HEC-RAS 模型的应用

HEC-RAS 模型是由美国陆军工程兵团工程水文中心开发的河道水力计算程序,多应用于河道水文流量过程的模拟。

黄彬彬等[139]利用 HEC-RAS 软件对红旗水库进行溃坝模拟,研究溃口流量过程线、溃口下游局部流态、溃坝洪水波在洪泛区的传播和溃坝洪水造成的生命损失等。对溃口流量过程线分析发现瞬时溃口尺寸越大,初始下泄流量越大,初始下泄流量过程线变化越快,而溃口尺寸越小,溃口流量过程线变化越缓慢。舒远丽等[140]基于 HEC-RAS 软件建立梧桐山河一维水力学及泥沙输移模型,并利用实测资料对模型进行验证,利用该模型分析河道沿程水面线变化情况及泥沙输移特征,结果表明该数学模型可以较好地反映流域内泥沙输移情况,这对于预测梧桐山河流域泥沙淤积状况有重要意义。徐云乾等[141]基于 HEC-GeoRAS 模型,结合水库的漫顶溃决工况,模拟阳江市大河水库主坝和副坝溃决后洪水沿下游河道的演进过程,并联合 QGIS 生成洪水风险图、最大水流流速、最大水面高度等成果,对山区河流下游的人员疏散转移避险决策具有重要的参考意义。

蒋林杰等[142]利用 Google Earth 和 ArcGIS 提取百花滩水电站上下游地形信息,基于枢纽 1:1 000 地形图采用 HEC-RAS 建立河道数值分析模型,计算分析了 9 种溃坝方案下溃坝洪水在下游的演进过程和影响范围,明确了沿线淹没范围和转移路线,为水电站安全运行和防洪应急管理提供科学依据,也可为类似闸坝工程溃坝分析提供参考。宋永嘉等[143]以北方小流域的某山丘、平原复合河道为例,基于 HEC-RAS 模型,在缺乏水文资料的情况下,采用对河道划分山丘、平原区域的方法进行了 10 年一遇洪水的模拟,发现 HEC-RAS 模型采用山丘、平原区域划分的计算方法与不划分相比较,前者更为符合实际情况,为防洪规划与防洪预报提高精度作参考。

潘世虎[144]针对张泾河南延伸河道的实际情况,采用河流动力学计算软件 HEC-RAS,分析了设计排涝过程中典型工况下的河道水面线及断面的流速,计算结果可为河道护岸设计提供科学依据。段文辉等[145]利用 HEC-RAS 建立河段二维水流模型,对软件的适用性进行了评价,并详细分析了输电线路的建设对水位、流场的影响,计算了跨河铁塔的一般冲刷与局部冲刷深度,为电力工程防洪影响评价提供参考。傅志敏等[146]运用 HEC-RAS 二维水动力学模型,修正面板坝溃口发展曲线,设计两种闸门开度的小井沟面板坝漫顶溃坝工况,模拟水库泄洪影响下溃坝洪水的下游演进并生成相应的洪水风险图、最大流速分布图、滞留时间图,展现了溃坝洪水在中下游平原丘陵地区的泛滥情况、洪水风险的分布差异以及水库泄洪对溃坝洪水的影响,对后续的人员疏散和损失估计具有重要参考意义。

3. EFDC 模型的应用

EFDC 模型可以用于包括河流、湖泊、水库、湿地和近岸海域一维、二维和三维物理、化学过程的模拟,在中国应用良好。

刘晓东等[147]基于 EFDC 二维水动力-油粒子模型,以长江南京段水域某码头溢油事故为研究对象,开展溢油风险评价,模拟计算涨急、落急、涨憩、落憩 4 种典型事故发生工况下的风险评价指标值,为长江感潮河段溢油风险评价提供量化指标和评价工具。范宏翔等[148]基于 EFDC 模型,耦合了深度学习网络和传统二维水动力模型,通过引入基准期概念,定量区分了气候变化和人类活动对鄱阳湖湖区水龄变化的贡献程度,其构建的鄱阳湖流域降雨-径流和鄱阳湖湖区二维水动力耦合模型,能够较好地反映鄱阳湖湖区水量交换及流域产流过程,为鄱阳湖水资源管理和水环境治理提供技术支撑,同时也为定量区分人类活动和气候变化对湖泊水动力的影响机制研究提供了一种新思路和视角。

孙丽娜等[149]基于 EFDC 模型并结合苏州市吴江区三白荡的具体情况建立水流模型,讨论模型参数的设计、预测方案的选取,并对模拟结果做出具体的分析,为湖泊岸线设计、环境容量研究、陆地污染物排放控制提供较强的技术支撑,并且对研究太湖流域类似三白荡的浅水湖泊水动力过程具有较强的借鉴意义。王亚宁等[150]基于 EFDC 模型构建太湖水质模型,将太湖入湖边界划分为 7 组,以 COD 和氨氮为输出目标,采用局部敏感性分析方法进行太湖水质边界敏感性分析,并得到在进行大型湖泊外源污染防控决策时,需要根据不同水质考核指标综合考虑削减的时期和入湖河流位置的结论。

王敏等[151]基于 EFDC 模型构建砚瓦川水库三维水温模型,预测了平水年水库水温变化,并分析库区水温分层规律以及下泄水温的影响。李运东等[152]以 EFDC 河流模型与 SWMM 管网模型为基础,建立以降雨监测数据为直接输入条件的城市河流水质动态预测模型,构建降雨与河流断面污染物浓度变化的关系,并以我国某东部沿海城市水质与气象监测信息为基础,对模型预测精度进行评估,预测结果与实际监测结果拟合度超过 90%,在实际降雨情景下,对河流水质变化进行模拟,解析河流沿程水质及河口断面污染物浓度变化规律,明确了河流污染源构成及污染物控制关键断面,为流域排水设施调度提供指导性意见。菅浩然等[153]采用 EFDC 生态动力学模型模拟了巢湖不同调水流量、调水线路、调水时间对水环境的影响,发现引江济巢工程在一定程度、时间上使巢湖湖区水质发生一定程度的改善,但若入湖水质不达标,调水也增加了巢湖的富营养化风险。裴羽佳等[154]结合"引新济太"工程"四串连法"的水质保障生态水处理系统工艺的野外现场试验,采用数值方法模拟试验场地水流和水质运移过程。基于环境流体动力学EFDC模型,利用试验场地高程、水文、大气和水量数据,模拟再现试验场地水深和流速时空变化过程,为"四串连法"应用于微污染水的去除提供参考。王栋等[155]以清河水库为例,采用DAMBRK模型分析不同情景溃坝洪水过程,应用高分辨率DEM数字高程模型提取研究区域的格网地形数据,基于EFDC水动力模块建立清河下游洪水演进水动力模型,模拟了淹没水深、淹没范围和淹没历时等洪水风险要素,为清河水库下游地区的防洪减灾决策提供技术支撑。

李国辉等[156]基于EFDC模型,构建滇池藻类模型,选取13个藻类模型参数对计算网格进行参数敏感性分析,并基于K-means聚类算法对网格聚类,分析参数在4个时期的空间敏感性特征及其时间差异性,得到滇池藻类模型参数敏感性在水温、水动力和营养盐的作用下呈现时空异质性,在进行敏感性分析时,要注意这些因子的变化对结果的影响的结论。郭丹阳等[157]基于EFDC模型的水动力模型,构建了取水口所在河道的NH_3-N模型与溢油模型,根据取水口周围存在的风险源,设置了6种突发水污染事件情景,并采用NH_3-N模型与溢油模型对突发水污染事件情景进行了模拟。

2.4 模型对比分析及发展趋势

2.4.1 模型对比分析

表2-1主要对SWMM模型、MIKE Urban模型以及STORM等模型的地表汇流计算方法、管网汇流计算方法以及模型特点等进行对比分析,表明本书应用的MIKE系列模型和SWMM两种模型均具有相应的产汇流模型和城市管网水动力模拟模块,均能很好地进行城市雨洪径流模拟,而SWMM模型相较于另外两个模型,具有使用免费、操作简单、代码开源、实用性强等特点,在城市水文模型内享有更高的认可度。

表2-1 不同雨洪模型对比

模型名称	主要计算方法			主要特点
	产流计算	地表汇流计算	管网汇流计算	
SWMM	下渗曲线法和SCS方法	非线性水库	恒定流、运动波和动力波	目前应用最广泛的城市暴雨径流模型,可分别用于场次径流及长期模拟
STORM	SCS方法、降水损失法	单位线法	水文学方法	适用于合流制排水系统,且能够模拟溢流情况
Wallingford	修正的推理公式	非线性水库	马斯京根法及隐式差分法	可用于排水系统设计规划与实时运行管理模拟
MIKE Urban	降水入渗法	运动波,单位线,线性水库	运动波、扩散波、动力波	可进行雨水径流计算、实时控制和在线分析

模型名称	主要计算方法			主要特点
	产流计算	地表汇流计算	管网汇流计算	
InfoWorks CS	固定比例产流模型,Wallingford固定产流模型,SCS曲线等	双线性水库,大型贡献汇流模型,SWMM非线性水库等	圣维南方程组	Wallingford的改进版本,分布式模型,可用于排水系统评估与规划和城市洪涝灾害评估
SSCM	限值法,Horton下渗曲线法	变动面积-时间曲线法	扩散波法、时间漂移法	提出变动面积—时间曲线法,可用于雨水管道设计校核与次洪模拟
CSYJM	降雨损失法	瞬时单位线	运动波	可用于设计、模拟和排水管网工况分析
雨洪数字模型	降雨损失法	动力波近似法	运动波	将具有复杂下垫面的城市地区离散成多个子流域,根据各子流域特性进行逐个模拟
基于 HIMS 的城市雨洪模型	降水-入渗公式	运动波	运动波	HIMS系统具有广泛的适用性,可在其基础上定制模型和二次开发,该模型可用于 LID 模式海绵城市规划

近年来,MIKE 系列模型由于其稳定性好、精度高及模拟范围广等优点深受国内外专家学者的喜爱,将其广泛应用于城市排水管网、溃堤洪水预警甚至流域水资源供需平衡等模拟研究。MIKE 系列软件也深受国外专家学者青睐,用以对不同情境下的城市洪涝进行模拟研究[158]。MIKE 系列软件已广泛应用于城市、河网甚至流域的洪水模拟研究。对比国内外 MIKE 系列软件相关研究的最新进展,大多借助 MIKE FLOOD 软件耦合 MIKE 11 河网模型与 MIKE 21 漫流模型进行模拟研究,而耦合 MIKE Urban 管网模型和 MIKE 21 漫流模型的研究相对较少,且以大中城市为主,缺少对县域城区排水管网和地表漫流耦合的模拟研究。

经过几十年的发展,城市洪涝模拟技术日趋成熟,并逐渐应用在整个城市的洪涝模型构建中。目前,北京、上海、深圳、成都等城市已构建了包括城市地表、管网、河道在内的城市洪涝精细化模型,并在防汛工作中发挥了重要作用。随着科学技术水平与社会大众对城市洪涝精细化管理要求的不断提高,围绕洪涝全过程物理机制模拟、精细化模拟、高性能计算、面向多目标的多尺度嵌套模拟和服务社会大众等方面,城市洪涝模拟技术将进一步发展完善。

2.4.2　未来发展趋势

(1) 构建具有物理机制的城市洪涝精细化模拟模型,实现对城市降雨产流—坡面汇流—管网汇流—河网汇流全过程模拟,一方面可以支撑洪涝预报及工程调度;另一方面,也为管网及河道排洪能力评估、内涝诊断、管网改造、预案编制等工作的开展提供关键技术支持。随着降水、地表积水、管网水情、河道水情等防汛感知能力不断加强,基础地理、水文气象、水利工程、排水设施等下垫面资料质量不断提升,数据共享机制逐渐完善,洪涝模型的模拟精度和适用性将逐步优化,洪涝全过程物理机制模型将成为许多城市开展洪涝分析工作的首选。

（2）洪涝模拟精细化

随着社会经济发展对城市管理的要求逐渐提升,城市防汛及洪涝风险管理日趋精细化,精细化模拟必将成为城市洪涝模型发展的一个重要方向[159]。地表坡面产汇流模型精细化构建方法、河道洪水模型精细化构建方法、管网水流计算、模型间物理机制耦合、防洪排涝工程调度等方面逐渐精细化。如地表坡面产汇流模拟考虑立交桥、阻水道路、导水道路、挡墙等城市复杂构筑物对地表水流运行影响,河道洪水模型考虑城市中明渠与暗渠交替、多种调度工程的影响,管网水流模拟考虑雨算子、检查井、分流堰、泵站等精细化排水设施对管网排水的影响。

（3）高性能计算

城市大范围精细化模型构建,势必带来大量的计算压力。多数城市洪涝模型已经支持多CPU多核心加速,GPU加速技术也在规则网格计算中取得较好加速效果,基于CPU/GPU加速技术,城市洪涝模型计算效率已得到数倍或几十倍的提升[160]。当前,云计算在许多领域的应用日趋成熟,随着城市洪涝模型引擎不断改进并支持云计算服务,城市洪涝精细化模型的实时计算将成为现实,可直接应用于对时效性和精细化程度要求较高的应急分析、工程调度等业务领域。

（4）面向多目标的多尺度嵌套技术

为满足防汛应急、日常管理、规划设计等多种目标的模拟需求,在城市雨水汇水区精细化划分方法研究基础上,根据立交桥、道路、社区等城市各类对象的模拟目标对城市地表、地下管网进行模块化分区,再利用城市洪涝精细化模拟技术构建地表网格、雨算子/检查井汇水区、排水分区、小流域等不同尺度的洪涝模型,最后利用内存实时交换技术实现不同尺度模型间嵌套耦合,构建城市洪涝多尺度嵌套模型,从而实现通过构建一套城市洪涝模型满足多个模拟目标的需求。

（5）服务社会公众

随着防汛感知体系不断完善,城市洪涝模型的计算精度不断提升,城市洪涝模拟技术将不再仅限于为政府服务。基于城市洪涝技术的洪涝预报预警信息、洪涝风险图、洪涝避险转移路线等成果将逐渐向社会大众公开,提升社会大众的防灾减灾能力。

（6）城市洪涝模型

实时监测数据是构建城市雨洪模型的关键,随着监测数据的增多、监测频次的加密,未来监测数据必然呈现井喷式增长并逐渐呈现大数据的海量特性。实时监测数据的增加不仅可以大幅度提高传统物理机制模型的准确性,更使得以大数据为支撑的数学统计模型极可能成为未来城市暴雨洪水管理的"新宠",若将这两类模型进行有效结合,互为验证,将大幅度提高城市内涝模拟的准确性,进而实现流域河渠湖库与城市雨水管网智能化联控联调的普适化,最大程度减轻流域与城市的暴雨内涝致灾风险,为建设韧性城市提供有力的技术支撑和有效决策建议。

城市发展面临的供水、洪涝、水污染等问题相互交织、难以分割，如昆明城区防洪排涝与城区下游滇池水质保障的矛盾统一问题等。在洪涝模拟的同时考虑其他业务领域需求，＋供水、＋水质、＋气象、＋灾害评估、＋避洪转移、＋洪涝保险、＋工程规划设计等将成为城市洪涝模型发展的又一个趋势。

参考文献

[1] ZOPPOU C. Review of urban storm water models[J]. Environmental Modelling & Software，2001，16(3)：195-231.

[2] ANDERSEN J，REFSGAARD J C，JENSEN K H. Distributed hydrological modeling of the Senegal river basin-model construction and validation[J]. Journal of Hydrology，2001，247(3-4)：200-214.

[3] RUBINATO M，SHUCKSMITH J，SAVL A J，et al. Comparison between InfoWorks hydraulic results and a physical model of an urban drainage system[J]. Water Science and Technology，2013，68(2)：372-379.

[4] BATES P D，DE ROO A P J. A simple raster-based model for flood inundation simulation [J]. Journal of Hydrology，2000，236(1-2)：54-77.

[5] DJORDJEVIĆ S，PRODANOVIC D，MAKSIMOVIC C，et al. SIPSON-Simulation of interaction between pipe flow and surface overland flow in networks[J]. Water Science and Technology，2005，52(5)：275-283.

[6] CHEN A S，HSU M H，CHEN T S，et al. An integrated inundation model for highly developed urban areas[J]. Water Science and Technology，2005，51(2)：221-229.

[7] CHEN A S，DJORDJEVIĆ S，LEANDRO J，et al. Simulation of the building blockage effect in urban flood modelling[C]. International Conference on Urban Drainage，2008：1-10.

[8] CHEN A S，EVANS B，DJORDJEVIĆ S，et al. A coarse-grid approach to representing building blockage effects in 2D urban flood modelling[J]. Journal of Hydrology，2012，426-427：1-16.

[9] CHEN A S，EVANS B，DJORDJEVIĆ S，et al. Multi-layered coarse grid modelling in 2D urban flood simulations[J]. Journal of Hydrology，2012，470-471：1-11.

[10] LEANDRO J，CHEN A S，DJORDJEVIĆ S，et al. Comparison of 1D/1D and 1D/2D coupled (sewer/surface) hydraulic models for urban flood simulation [J]. Journal of Hydraulic Engineering，2009，135(6)：505-521.

[11] JORGE L，RICARDO M. A methodology for linking 2D overland flow models with the sewer network model SWMM 5.1 based on dynamic link libraries[J]. Water Science and Technology，2016，73(12)：3017-3026.

[12] LEANDRO J，CHEN A S，SCHUMANN A. A 2D parallel diffusive wave model for floodplain inundation with variable time step(P-DWave)[J]. Journal of Hydrology，2014，517：

250-259.

［13］JAMALI B, LÖWE R, BACH P M, et al. A rapid urban flood inundation and damage assessment model[J]. Journal of Hydrology, 2018, 564: 1085-1098.

［14］NGUYEN T T, NGO H H, GUO W S, et al. A new model framework for sponge city implementation: Emerging challenges and future developments[J]. Journal of Environmental Management, 2020, 253: 109689.

［15］HSU M H, CHEN S H, CHANG T J. Inundation simulation for urban drainage basin with storm sewer system[J]. Journal of Hydrology, 2000, 234(1-2): 21-37.

［16］CHANG T J, CHANG K H. SPH modeling of one-dimensional nonrectangular and nonprismatic channel flows with open boundaries[J]. Journal of Hydraulic Engineering, 2013, 139(11): 1142-1149.

［17］CHANG T J, CHANG K H, KAO H M. A new approach to model weakly nonhydrostatic shallow water flows in open channels with smoothed particle hydrodynamics[J]. Journal of Hydrology, 2014, 519: 1010-1019.

［18］胡昊天, 王立权, 刘莹, 等. 山区城市防洪排涝工作中的不利因素与对策研究[J]. 水利科学与寒区工程, 2019, 2(3): 17-21.

［19］龚佳辉, 侯精明, 薛阳, 等. 城市雨洪过程模拟 GPU 加速计算效率研究[J]. 环境工程, 2020, 38(4): 164-169, 175.

［20］叶陈雷, 徐宗学, 雷晓辉, 等. 城市社区尺度降雨径流快速模拟——以福州市一排水小区为例[J]. 水力发电学报, 2021, 40(10): 81-94.

［21］周宏, 刘俊, 高成, 等. 考虑有效不透水下垫面的城市雨洪模拟模型——Ⅰ. 模型原理与模型构建[J]. 水科学进展, 2022, 33(3): 474-484.

［22］YANG Y H, SUN L F, LI R N, et al. Linking a storm water management model to a novel two-dimensional model for urban pluvial flood modeling[J]. International Journal of Disaster Risk Science, 2020, 11(4): 508-518.

［23］SONG J Y, WANG J L, XI G P, et al. Evaluation of stormwater runoff quantity integral management via sponge city construction: A pilot case study of Jinan[J]. Urban Water Journal, 2021, 18(3/4): 151-162.

［24］刘树坤, 于天一. 再现洪水入侵过程——应用二维不恒定流理论对洪水进行模拟计算[J]. 中国水利, 1987(4): 27-28.

［25］仇劲卫, 李娜, 程晓陶, 等. 天津市城区暴雨沥涝仿真模拟系统[J]. 水利学报, 2000, 31(11): 34-42.

［26］张大伟, 程晓陶, 黄金池. 建筑物密集城区溃堤水流二维数值模拟[J]. 水利学报, 2010, 41(3): 272-277.

［27］张大伟, 程晓陶, 黄金池, 等. 复杂明渠水流运动的高适用性数学模型[J]. 水利学报, 2010, 41(5): 531-536.

［28］张大伟, 权锦, 马建明, 等. 基于 Godunov 格式的流域地表径流二维数值模拟[J]. 水利学报, 2018, 49(7): 787-794, 802.

［29］向立云, 张大伟, 何晓燕, 等. 防洪减灾研究进展[J]. 中国水利水电科学研究院学报, 2018, 16

　　　　(5):362-372.

[30] 马建明,喻海军,张大伟,等. 洪水分析软件在洪水风险图编制中的应用[J]. 中国水利,2017(5):
　　　　17-20.

[31] 张念强,李娜,甘泓,等. 城市洪涝仿真模型地下排水计算方法的改进[J]. 水利学报,2017,48
　　　　(5):526-534.

[32] 胡晓张,宋利祥. HydroMPM2D 水动力及其伴生过程耦合数学模型原理与应用[M]. 北京:中国
　　　　水利水电出版社,2018.

[33] 侯精明,王润,李国栋,等. 基于动力波法的高效高分辨率城市雨洪过程数值模型[J]. 水力发电
　　　　学报,2018,37(3):40-49.

[34] 刘勇,张韶月,柳林,等. 智慧城市视角下城市洪涝模拟研究综述[J]. 地理科学进展,2015,34(4):
　　　　494-504.

[35] 岑国平. 城市雨水径流计算模型[J]. 水利学报,1990(10):68-75.

[36] 岑国平,詹道江,洪嘉年. 城市雨水管道计算模型[J]. 中国给水排水,1993(1):37-40.

[37] 周玉文,赵洪宾. 城市雨水径流模型研究[J]. 中国给水排水,1997,13(4):4-6.

[38] 周玉文,赵洪宾. 排水管网理论与计算[M]. 北京:中国建筑工业出版社,2000.

[39] 周玉文. 城市排水管网非恒定流模拟技术的实用意义与应用前景[J]. 给水排水,2000,26(5):
　　　　14-16.

[40] 耿艳芬. 城市雨洪的水动力耦合模型研究[D]. 大连:大连理工大学,2006.

[41] 喻海军. 城市洪涝数值模拟技术研究[D]. 广州:华南理工大学,2015.

[42] WU X S,WANG Z L,GUO S L,et al. Scenario-based projections of future urban inundation
　　　　within a coupled hydrodynamic model framework:A case study in Dongguan City,China
　　　　[J]. Journal of Hydrology,2017,547:428-442.

[43] 曾照洋,王兆礼,吴旭树,等. 基于 SWMM 和 LISFLOOD 模型的暴雨内涝模拟研究[J]. 水力发
　　　　电学报,2017,36(5):68-77.

[44] 潘安君. 分布式立体化城市洪水模型研究——以北京城区为例[D]. 北京:清华大学,2010.

[45] 喻海军,范玉燕,穆杰,等. 城市排水管网混合流数值模拟研究进展[J]. 水电能源科学,2020,38
　　　　(4):95-99,180.

[46] 王兆礼,陈昱宏,赖成光. 基于 TELEMAC-2D 和 SWMM 模型的城市内涝数值模拟[J]. 水资源保
　　　　护,2022,38(1):117-124.

[47] BISHT D S,CHATTERJEE C,KALAKOTI S,et al. Modeling urban floods and drainage using
　　　　SWMM and MIKE URBAN:A case study[J]. Natural Hazards,2016,84(2):749-776.

[48] ZENG J J,HUANG G R,LUO H W,et al. First flush of non-point source pollution and
　　　　hydrological effects of LID in a Guangzhou community[J]. Scientific Reports,2019,9(1):1-10.

[49] TAGHIZADEH S,KHANI S,RAJAEE T. Hybrid SWMM and particle swarm
　　　　optimization model for urban runoff water quality control by using green infrastructures(LID-
　　　　BMPs)[J]. Urban Forestry & Urban Greening,2021,60:1-12.

[50] ZENG Z Q,YUAN X H,LIANG J,et al. Designing and implementing an SWMM-based
　　　　web service framework to provide decision support for real-time urban stormwater management
　　　　[J]. Environmental Modelling & Software,2021,135:104887.1-104887.16.

［51］HAMOUZ V，MUTHANNA T M. Hydrological modelling of green and grey roofs in cold climate with the SWMM model［J］. Journal of Environmental Management，2019，249：109350. 1-109350. 18.

［52］YAZDI M N，KETABCHY M，SAMPLE D J，et al. An evaluation of HSPF and SWMM for simulating streamflow regimes in an urban watershed［J］. Environmental Modelling & Software，2019，118：211-225.

［53］KIM S，LEE S. Forecasting of flood stage using neural networks in Nakdong River，South Korea［C］. Watershed Management and Operations Management，2000.

［54］侯贵兵. 济南市城市洪水数值模拟研究［D］. 济南：山东大学，2010.

［55］DHI 防洪排涝综合模拟软件培训教程——城市雨洪专题［Z］. 2017.

［56］谢家强，廖振良，顾献勇. 基于 MIKE URBAN 的中心城区内涝预测与评估——以上海市霍山-惠民系统为例［J］. 能源环境保护，2016，30(5)：44-49，37.

［57］DHI Software. MIKE 11，a modeling system for rivers and channels，reference manual［R］. Copenhagen：DHI Software，2004.

［58］李品良，覃光华，曹泠然，等. 基于 MIKE URBAN 的城市内涝模型应用［J］. 水利水电技术，2018，49(12)：11-16.

［59］姚双龙. 基于 MIKE FLOOD 的城市排水系统模拟方法研究［D］. 北京：北京工业大学，2012.

［60］韩岭，盖永岗，李荣容，等. MIKE 21 模型在精河防洪保护区避洪转移中的应用研究［J］. 中国农村水利水电，2018(11)：80-86.

［61］施露，董增川，付晓花，等. Mike Flood 在中小河流洪涝风险分析中的应用［J］. 河海大学学报(自然科学版)，2017，45(4)：350-357.

［62］谢莹莹，刘遂庆，信昆仑. 城市暴雨模型发展现状与趋势［J］. 重庆建筑大学学报，2006(5)：136-139.

［63］文欣. 基于 SWMM 的长沙高铁新城海绵方案效果评估的研究［D］. 长沙：湖南大学，2017.

［64］MEINHOLZ T L，HANSEN C A. An application of the storm water management model［C］. National Symposium on Urban Rainfall and Sediment Control，1974.

［65］LEI J H，SCHILLING W. Parameter uncertainty propagation analysis for urban rainfall runoff modelling［J］. Water Science & Technology，1994，29(1-2)：145-154.

［66］LIONG S Y，CHAN W T，SHREERAM J. Peak-flow forecasting with genetic algorithm and SWMM［J］. Journal of Hydraulic Engineering，1995，121(8)：613-617.

［67］SHAMSI U M. ArcView applications in SWMM modeling［J］. The Journal of Water Management Modeling，1998，6：219-233.

［68］CAMPBELL C W，SULLIVAN S M. Simulating time-varying cave flow and water levels using the Storm Water Management Model［J］. Engineering Geology，2002；65(2-3)：133-139.

［69］ZAGHLOUL N A，KIEFA M A. A Neural network solution of inverse parameters used in the sensitivity-calibration analyses of the SWMM model simulations［J］. Advances in Engineering Software，2001，32(7)：587-595.

［70］ROSA D J，CLAUSEN J C，DIETZ M E. Calibration and verification of SWMM for low impact development［J］. Journal of the American Water Resources Association，2015，51(3)：746-

757.

［71］BISHT D S,CHATTERJEE C,KALAKOTI S,et al. Modeling urban floods and drainage using SWMM and MIKE URBAN:A case study[J]. Natural Hazards,2016,84(2):749-776.

［72］PELEG N,BLUMENSAAT F,MOLNAR P,et al. Partitioning the impacts of spatial and climatological rainfall variability in urban drainage modeling[J]. Hydrology and Earth System Sciences,2017,21(3):1559-1572.

［73］BAEK S S,LIGARAY M,PYO J,et al. A novel water quality module of the SWMM model for assessing low impact development(LID) in urban watersheds[J]. Journal of Hydrology,2020, 586:124886.

［74］YANG Y Y,LI J,HUANG Q,et al. Performance assessment of sponge city infrastructure on stormwater outflows using isochrone and SWMM models[J]. Journal of Hydrology,2021,597: 126151.

［75］RABORI A M,GHAZAVI R. Urban flood estimation and evaluation of the performance of an urban drainage system in a semi-arid urban area using SWMM[J]. Water Environment Research, 2018,90(12):2075-2082.

［76］HUANG M M,JIN S G. A methodology for simple 2-D inundation analysis in urban area using SWMM and GIS[J]. Natural Hazards,2019,97(1):15-43.

［77］ZENG Z Q,YUAN X H,LIANG J,et al. Designing and implementing an SWMM-based web service framework to provide decision support for real-time urban stormwater management[J]. Environmental Modelling & Software,2021,135:104887. 1-104887. 16.

［78］HAMOUZ V,MUTHANNA T M. Hydrological modelling of green and grey roofs in cold climate with the SWMM model[J]. Journal of Environmental Management,2019,249:109350.

［79］YAZDI M N,KETABCHY M,SAMPLE D J,et al. An evaluation of HSPF and SWMM for simulating streamflow regimes in an urban watershed[J]. Environmental Modelling & Software,2019,118:211-225.

［80］RANDALL M,SUN F B,ZHANG Y Y,et al. Evaluating sponge city volume capture ratio at the catchment scale using SWMM[J]. Journal of Environmental Management,2019,246:745- 757.

［81］ZHANG K,CHUI T,YANG Y. Simulating the hydrological performance of low impact development in shallow groundwater via a modified SWMM[J]. Journal of Hydrology,2018,566: 313-331.

［82］TANG S J,JIANG J P,ZHENG Y,et al. Robustness analysis of storm water quality modelling with LID infrastructures from natural event-based field monitoring[J]. Science of The Total Environment,2021,753:142007.

［83］FU J C,JANG J H,HUANG C M,et al. Cross-analysis of land and runoff variations in response to urbanization on basin,watershed,and city scales with/without green infrastructures[J]. Water, 2018,10(2):106.

［84］刘俊,徐向阳. 城市雨洪模型在天津市区排水分析计算中的应用[J]. 海河水利,2001(1):9-11.

［85］丛翔宇,倪广恒,惠士博,等. 基于SWMM的北京市典型城区暴雨洪水模拟分析[J]. 水利水电技

术,2006,37(4):64-67.

[86] 董欣,杜鹏飞,李志一,等. SWMM 模型在城市不透水区地表径流模拟中的参数识别与验证[J]. 环境科学,2008,29(6):1495-1501.

[87] 赵冬泉,陈吉宁,佟庆远,等. 子汇水区的划分对 SWMM 模拟结果的影响研究[J]. 环境保护,2008(8):56-59.

[88] 张倩,苏保林,袁军营. 城市居民小区 SWMM 降雨径流过程模拟——以营口市贵都花园小区为例[J]. 北京师范大学学报(自然科学版),2012,48(3):276-281.

[89] 李春林,胡远满,刘淼,等. SWMM 模型参数局部灵敏度分析[J]. 生态学杂志,2014,33(4):1076-1081.

[90] 黄国如,黄维,张灵敏,等. 基于 GIS 和 SWMM 模型的城市暴雨积水模拟[J]. 水资源与水工程学报,2015,26(4):1-6.

[91] 刘春春,刘万青,张悦,等. 基于 SWMM 模型的西安市清河流域暴雨洪峰流量模拟[J]. 干旱区研究,2018,35(1):35-42.

[92] 卢茜,周冠南,李良松,等. 基于 SWMM 的城市排涝措施研究及应用[J]. 水利水电技术,2019,50(7):13-21.

[93] 吴沛霖,俞芳琴,王婷,等. 基于 SWMM 的张家港市排水防涝风险评估[J]. 水文,2020,40(2):31-37.

[94] 郑恺原,向小华. 基于 SWMM 和 PSO-GA 的多目标雨水管网优化模型[J]. 水利水电技术,2020,563(9):24-33.

[95] 朱培元,傅春,肖存艳. 基于 SWMM 的住宅区多 LID 措施雨水系统径流控制[J]. 水电能源科学,2018,36(3):10-13.

[96] 刘洁,李玉琼,张翔,等. 基于 SWMM 的不同 LID 措施城市雨洪控制效果模拟研究[J]. 中国农村水利水电,2020(7):6-11.

[97] 章双双,潘杨,李一平,等. 基于 SWMM 模型的城市化区域 LID 设施优化配置方案研究[J]. 水利水电技术,2018,49(6):10-15.

[98] 郝金梅,赵沛,庞立军,等. 基于 SWMM 模型构建沧州市内涝水文模型[J]. 中国农村水利水电,2020(2):29-33.

[99] 陈韬,夏蒙蒙,刘云鹏,等. 基于 SWMM 的海绵改建小区雨水径流调控研究[J]. 中国给水排水,2020,36(11):103-111.

[100] 胡彩虹,李东,李析男,等. 基于 SWMM 模型的贵安新区暴雨径流过程模拟[J]. 人民黄河,2020,42(5):8-12.

[101] 冉小青,李元松,卓浩,等. 基于 SWMM 模型的海绵城市道路雨洪控制方案研究[J]. 中国农村水利水电,2020(2):40-43,47.

[102] 王琳,陈刚,王晋. 基于 SWMM 的济南韩仓河流域宏观 LID 实践模拟[J]. 中国农村水利水电,2020(4):1-4.

[103] 张硕,康光宗,贺泳超,等. 基于道路 SWMM 模型的参数敏感性分析及参数率定[J]. 公路,2020,65(5):21-26.

[104] 杨丰恺,姜应和,许天会. 基于 SWMM 的武汉市城区雨水管网初雨特性分析[J]. 水电能源科学,2019,37(8):22-25,33.

[105] 霍锐,卢奕芸,邓力文. 基于SWMM情景模拟的北京市公园绿地集雨型改造探索[J]. 工业建筑, 2019,49(6):204-209.

[106] 吴慧英,江凯兵,李天兵,等. 基于SWMM的市政排水管道泥沙淤积对溢流积水影响的模拟分析[J]. 给水排水,2019,55(11):135-139.

[107] 黄国如,陈文杰,喻海军. 城市洪涝水文水动力耦合模型构建与评估[J]. 水科学进展,2021,32(3):334-344.

[108] 沈炜彬,邱梦雨,陈盛达. SWMM模型下海绵城市建设效果核心指标评价——以萧山世纪城区域为例[J]. 给水排水,2021,57(8):61-65,94.

[109] 叶爱民,刘曙光,韩超,等. MIKE FLOOD耦合模型在杭嘉湖流域嘉兴地区洪水风险图编制工作中的应用[J]. 中国防汛抗旱,2016,26(2):56-60.

[110] 周小飞. 基于Mike Flood的运城市内涝模拟与风险评估[D]. 西安:西安理工大学,2017.

[111] 王成坤,黄纪萍,王俊佳. 基于MIKE FLOOD模型的城市排水能力评估与内涝综合治理方案研究[J]. 住宅产业,2019(11):81-84.

[112] 王世旭. 基于MIKE FLOOD的济南市雨洪模拟及其应用研究[D]. 济南:山东师范大学,2015.

[113] 艾小榆,刘霞,徐辉荣,等. 基于MIKE FLOOD模型的潖江蓄滞洪区调度运用方案研究[J]. 水利水电技术,2017,48(12):125-131.

[114] 赵华青,周璐,赵然杭,等. 基于MIKE耦合模型的平原区流域洪涝过程模拟[J]. 中国农村水利水电,2022(7):97-102.

[115] 栾震宇,金秋,赵思远,等. 基于MIKE FLOOD耦合模型的城市内涝模拟[J]. 水资源保护,2021, 37(2):81-88.

[116] 王欣,王玮琦,黄国如. 基于MIKE FLOOD的城区溃坝洪水模拟研究[J]. 水利水运工程学报, 2017(5):67-73.

[117] 卢程伟,周建中,江焱生,等. 基于MIKE FLOOD的荆江分洪区洪水演进数值模拟[J]. 应用基础与工程科学学报,2017,25(5):905-916.

[118] 韩岭,盖永岗,刘杨,等. 基于MIKE FLOOD模型的湟水河上游洪水风险评估[J]. 中国农村水利水电,2017(7):161-165.

[119] 李昂泽. 基于MIKE FLOOD模型的内涝风险评估及泵站规划方案优选[D]. 武汉:华中科技大学,2015.

[120] 刘杨,张瑞海,韩岭,等. 基于MIKE FLOOD模型的西北城市河道橡胶坝群洪水风险分析研究[J]. 水利与建筑工程学报,2016,14(6):113-119.

[121] 刘卫林,梁艳红,彭友文. 基于MIKE Flood的中小河流溃堤洪水演进数值模拟[J]. 人民长江, 2017,48(7):6-10,15.

[122] LI J K, ZHANG B, MU C, et al. Simulation of the hydrological and environmental effects of a sponge city based on MIKE FLOOD[J]. Environmental Earth Sciences,2018,77(2):32.

[123] KADAM P, SEN D. Flood inundation simulation in Ajoy River using MIKE-FLOOD[J]. ISH Journal of Hydraulic Engineering,2012,18(2):129-141.

[124] JAMALI B, LÖWE R, BACH P M, et al. A rapid urban flood inundation and damage assessment model[J]. Journal of Hydrology,2018,564:1085-1098.

[125] ROUAULT P, SCHROEDER K, PAWLOWSKY-REUSING E, et al. Consideration of online

rainfall measurement and nowcasting for RTC of the combined sewage system[J]. Water Science and Technology,2008,57(11):1799-1804.

[126] BRUEN M,ASCE M,YANG J Q. Combined hydraulic and black-box models for flood forecasting in urban drainage systems[J]. Journal of Hydrologic Engineering,2006,11(6):589-596.

[127] 王喜冬.香港岛南区雨水管网改造总体规划概述[J].给水排水,2005(6):103-107.

[128] 高林峰.大型污水输送系统的水力模拟模型[J].环境污染治理技术与设备,2004(1):57-60.

[129] 郭芝瑞,崔建国,张峰,等.基于 InfoWorks ICM 的城市排水调蓄池位置选择[J].给水排水,2016,52(2):49-52.

[130] 吴海春,黄国如.基于 PCSWMM 模型的城市内涝风险评估[J].水资源保护,2016,32(5):11-16.

[131] 隋军,王宏利,李捷.城市排水系统水质模型的构建及应用[J].中国给水排水,2016,32(7):130-134.

[132] 程涛,徐宗学,洪思扬,等.济南市山前平原区暴雨内涝模拟[J].北京师范大学学报(自然科学版),2018,54(2):246-253,148.

[133] 李永坤,薛联青,邱苏闽,等.基于 InfoWorks ICM 模型的典型海绵措施径流减控效果评估[J].河海大学学报(自然科学版),2020,48(5):398-405.

[134] 甄志雄.现代排水模型软件技术(InfoWorks CS)在广州市污水管网的应用[J].广东建材,2010,26(4):25-27.

[135] 祁继英,白海梅.水力模型用于排水系统的设计优化[J].中国给水排水,2008(4):36-39.

[136] 王婧琛.浅谈水力模型在城市排水管网改造中的应用[J].中国水运(下半月),2012,12(3):135-136,138.

[137] 姚宇.基于 GeoDatabase 的城市排水管网建模的应用研究[D].上海:同济大学,2007.

[138] 黄俊,林琳.现代排水模型软件技术(InfoWorks CS)在合流制污水溢流控制方面的应用[J].给水排水动态,2009,4(6):60-61.

[139] 黄彬彬,葛立明,徐娴,等.HEC-RAS 在二维溃坝模拟中的应用——以红旗水库为例[J].人民珠江,2021,42(5):73-79.

[140] 舒远丽,胡婷婷,王拓.基于 HEC-RAS 的梧桐山河流域泥沙输移特性分析[J].水资源开发与管理,2021(4):13-19.

[141] 徐云乾,袁明道,史永胜,等.QGIS 和 HEC-RAS 在二维溃坝洪水模拟中的联合应用研究[J].水力发电,2021,47(4):108-111,126.

[142] 蒋林杰,付成华,程馨玉,等.基于 HEC-RAS 的百花滩水电站溃坝洪水演进过程及影响分析[J].人民珠江,2021,42(1):65-72.

[143] 宋永嘉,王达桦.HEC-RAS 模型在小流域山丘、平原复合型河道水面线推求应用与研究[J].中国农村水利水电,2020(3):146-149.

[144] 潘世虎.基于 HEC-RAS 的平底河道过流及冲刷研究[J].人民长江,2019,50(S2):95-99,122.

[145] 段文辉,杨同军,张文兵,等.HEC-RAS 二维水流模型在洪评中的应用研究[J].电力勘测设计,2019(S1):63-65.

[146] 傅志敏,宁聪,王志刚.基于 HEC-RAS 的二维溃坝洪水演进模拟[J/OL].水利水运工程学报,2021:1-7[2021-05-26].

［147］刘晓东,徐少南,贾庆林,等.长江感潮河段溢油风险评价体系构建及应用［J］.水利信息化,
　　　　2021(2):54-57,62.

［148］范宏翔,徐力刚,朱华,等.气候变化和人类活动对鄱阳湖水龄影响的定量区分［J］.湖泊科学,
　　　　2021,33(4):1175-1187.

［149］孙丽娜,李一平,张其成,等.EFDC 模型在三白荡二维水流数值模拟中的应用［J］.江苏水利,
　　　　2021(3):15-20.

［150］王亚宁,李一平,程月,等.大型浅水湖泊水质模型边界负荷敏感性分析［J］.环境科学,2021,42
　　　　(6):2778-2786.

［151］王敏,姜利兵,郜学军.基于 EFDC 的砚瓦川水库水温影响预测［J］.环境生态学,2020,2(10):
　　　　39-42.

［152］李运东,田禹,李俐频,等.基于管网-河流模型耦合的城市河流水质建模方法与应用［J］.给水排
　　　　水,2020,56(S2):213-219.

［153］菅浩然,韩涛.引江济巢工程对改善巢湖水质的数值模拟分析［J］.水电能源科学,2020,38(9):
　　　　53-55.

［154］裴羽佳,张永祥,蒋泽奇.基于 EFDC 和 WASP 的组合水处理生态工程数值模拟［J］.水电能源科
　　　　学,2020,38(9):87-90,100.

［155］王栋,章四龙,郭丹阳.基于 EFDC 模型的清河水库溃坝洪水演进模拟［J］.中国农村水利水电,
　　　　2020(7):26-31,35.

［156］李国辉,李莉杰,李根保.基于 EFDC 的滇池藻类模型参数敏感性时空特征［J］.应用与环境生物
　　　　学报,2021,27(4):1047-1054.

［157］郭丹阳,章四龙,王栋.珠江三角洲水资源配置工程取水口突发水污染事件模拟研究［J］.北京师
　　　　范大学学报(自然科学版),2020,56(3):343-349.

［158］刘卫林,梁艳红,彭友文.基于 MIKE Flood 的中小河流溃堤洪水演进数值模拟［J］.人民长江,
　　　　2017,48(7):6-10,15.

［159］谢齐,罗鹏,杨攀,等.分布式直接降雨法洪水模型及 GPU 并行计算技术应用研究［C］//中国第
　　　　九届防汛抗旱水利信息化技术论坛.长沙,2019.

［160］宋利祥,徐宗学.城市暴雨内涝水文水动力耦合模型研究进展［J］.北京师范大学学报(自然科学
　　　　版),2019,55(5):581-587.

第 3 章

无管流数据城区雨洪模型构建关键技术

城市雨洪模型在城市洪涝灾害预警与预报方面发挥了重要作用,但模型的构建需要大量数据支撑,而有些地区的城市雨水管网流量监测数据匮乏,这会导致城市雨洪模型难以完成率定和验证,城市雨洪模型模拟预报精度无法保证。

针对无管流数据城市雨洪模型的构建问题,许多专家学者尝试了多种解决方法,但是从现有的研究来看,专家学者的研究方向多为在人类活动较少的天然流域下展开城市雨洪模型构建工作,在城市化水平较高、受人类活动影响较大的城市的应用研究较少。尽管有些技术已经相对成熟和完善,但在城市化较高的雨洪模型应用上仍有较大差异,因此,本章针对城市子汇水区等中尺度无资料地区构建城市雨洪模型,并分析其模拟精度,为无管流数据城市雨洪模型构建与模型参数率定提供参考。

3.1　无管流数据模型搭建研究进展

在无资料地区模型验证和构建上,很多研究学者尝试了多种解决途径和方法。从研究区尺度来看,大多数研究是在人类活动较少的天然流域尺度下开展的,而在城镇化率较高的城市建成区的应用研究相对较少。如 20 世纪 80 年代初,世界气象组织(World Meteorological Organization,WMO)采用气象-水文耦合技术,借助气象站、水文站、雷达、卫星等插补无资料地区数据,应用 QPF(Quantitative Precipitation Forecasting)模型实现了对短历时洪水的精准预报[1]。Aristeidis 和 Ioannis 在缺乏水文监测数据的盆地区域,提出了将洪峰流量、最大洪水淹没深度的模拟值与经验公式计算值做比较的方法,经验证,水文模型的参数校准得到有效的改进和优化[2]。

从解决途径的原理来看,大多数研究是通过对有资料地区构建模型,用参数移植法或相关分析法、经验公式法等来推求无资料地区的模型参数,而直接借助物理过程和降雨径流演变机理来率定区域模型参数的研究较少见。如 21 世纪初,Yu 和 Yang[3]在中国台湾南部无流量资料地区以合成流量历时曲线(Flow Duration Curves,FDCs)的计算结果来替代实测流量数据,该方法的应用为模型校准提供了新思路。后来,该团队在无流量资料地区应用 FDCs 时比较了多项式算法和面积指数算法的计算精度和不确定性，认为前者方法的应用有利于提高模型模拟精度[4]。随着国际研究组织对无资料地区的气象、水文领域研究工作的重视，Sivapalan 等[5]就第二个国际水文十年计划——PUB (Prediction in Ungauged Basins)计划提出通过降低模型参数的不确定性来克服在无资料地区构建水文模型的局限性。井立阳等[6]提出了将特征值反演算的方法移用于无资料地区，并借助新安江模型在三峡区间 6 个无资料的小流域进行了应用和验证。黄国如[7]用区域化流量历时曲线作为降雨径流模型参数率定的目标函数，在 11 个无实测资料的子流域构建模型，得到了较为满意的模拟精度。叶金印等[8]针对资料缺乏的中小尺度区域，采用降雨径流相关分析法，借助 Nash 汇流模型对 10 次洪水过程进行了模拟，提出了以径流深和洪峰流量为主要验证指标的参数率定方法。

但是在近几年的研究成果中，研究区大多是在 10 km² 以下的单元尺度[9]，多集中在居民小区、公园、校区和排水隧道等用地上，类型单一且雨洪模拟技术和方法较为成熟[10-11]。对于高度城市化且用地类型多样化的 10 km² 以上城区(本书将其定义为大尺度城区)，鉴于该类区域在建筑布局、交通路网和水文等方面的空间异质性和复杂性，子汇水区和排水系统的精细化处理技术方面鲜有研究，未形成统一的或具有区域普遍适用性的数字化方法。若要更高精度地模拟和评估暴雨条件下因排水能力不足引发的城区内涝受淹程度，则需要充分考虑每个子汇水区和子排水系统的特殊性。因此，如何借助模型的精细化构建和合理的参数率定方法来实现高精度复杂下垫面城区雨洪过程的模拟，是我国城市洪涝预警实际管理中的难点和关键。

本章探讨在我国北方混合用地类型的大尺度城区构建 SWMM 的合理方法和关键技术，以北京亦庄经济技术开发区核心区缺乏管网流量监测数据城区暴雨径流模型的构建为例，为大尺度复杂下垫面城区的汇水区精细划分和排水管道(网)数据的数字化与模型数据率定验证提供了解决思路。

3.2　研究区域选择与子汇水区划分

3.2.1　研究区域概况

本次将无管流数据城区雨洪模型构建的研究区域选定为北京亦庄经济技术开发区核心区(以下简称"核心区")，该研究区域位于北京市东南部，区域面积为 17.84 km²。核心区属温带季风气候，降雨情况年内年际变化较大，汛期集中在 6—9 月，是典型北方城市气候特征。研究区域的地理位置以及主要用地类型分布情况见图 3-1 以及表 3-1。

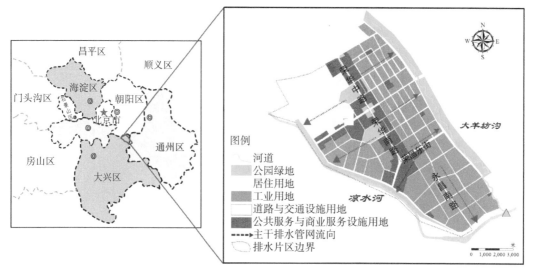

图 3-1　核心区位置及用地类型分布图

表 3-1　核心区城市建设用地类型统计

用地类型	地块数量/个	面积/km²	面积占比/%
居住用地	22	2.32	13
公共服务与商业服务设施用地	23	3.75	21
工业用地	47	8.21	46
道路与交通设施用地	1	1.61	9
公园绿地	15	1.96	11

3.2.2　子汇水区划分

根据《城市用地分类与规划建设用地标准》(GB 50137—2011)的相关内容,结合研究区的实际情况,将用地类型具体化并分析不同用地类型的产汇流响应特征,对子汇水区进行划分。

在城市水文学中,子汇水区又被称为子汇水面积,是构建区域 SWMM 中最小的水文响应单元[12]。基于总体地形分布和坡度分布的空间差异性,以及主要排水河道的位置和流向特征,先划分研究区域的排水区。鉴于下垫面用地类型的多样性、空间差异性,及各支管排水方向的不同,根据研究区域地形数据、DEM 数据、航拍影像图、道路、水系资料,在 108 个土地利用类型分块的基础上,借助 ArcGIS 10.2 水文模块(Hydrology module)中的汇水区划分工具(Watershed)进一步划定子汇水区的排水边界,结合现场调研数据分别计算子汇水区所需的相关参数,并据此且参考模型使用手册提供的参考值进行参数预设[13]。

参考《亦庄地区雨水排水规划方案》,以下垫面类型复杂的西部凉水河汇水片区为例,具体概化步骤和原则分别如下,划分步骤示意图如图 3-2 所示。

（1）概化步骤。因各子汇水区之间应以雨水井、排水干管相连，由主干排水管线流向及其沿线雨水井高程首先确定排水片区的总体排水流向。其次根据建设用地类型空间分布情况，将该排水片区初步划分为各用地类型子汇水区，如住宅子汇水片区、绿地子汇水片区、商务子汇水片区和工业子汇水片区等。在各用地类型子汇水片区的基础上，以城市快速路、主干路、次干路为边界将每个子汇水片区继续划分为多个用地类型地块汇水单元。再由区域内各级管网排水流向确定相邻汇水单元的上下游关系，参照高清影像图和现场调研获取的地表建筑物边界，将各汇水单元进一步细划为建筑物屋顶子汇水区、街道子汇水区、绿地子汇水区等。借助此划分方法有助于厘清各子汇水区之间的上下游关系，对邻近或相对集中分布的同类型子汇水区可进行参数移用，提高模型构建效率。

（2）概化原则。由于区域下垫面自身的多样性，在划分时应兼顾模型运行方便，可根据实际情况适时灵活地而并非一味地增加汇水单元的类型和数量。划分时掌握如下原则：①对于具有相同下垫面性质且分布非常集中的地表建筑物（如同一小区的多栋住宅楼等），在没有道路、立交桥等设施分离的前提下，建议将其邻近的多个建筑物统一划分为一个子汇水区；②对于混合用地类型且呈交错分布状的，需要细化到每个建筑体对应的汇水区域，并分别赋予子汇水的土地表面参数。

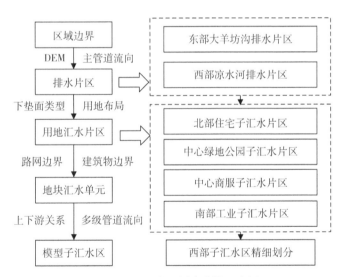

图 3-2　子汇水区划分步骤示意图

3.3　城市排水系统概化

3.3.1　排水系统数字化

（1）排水管道（网）概化

现状雨水管网数据中，涉及钢管、混凝土管、钢筋混凝土管、普通铸铁管 4 类材质

47 种不同规格的排水管道。对于具有新旧排水管道并存且数据量大的特点的研究区域，为提高模型运算速度并保证模拟精度，首先基于 ArcGIS 将研究区内的全部新旧排水管道(网)、河流、沟渠统一概化为排水管线;其次将 47 种不同规格的排水管道的横断面概化为 25 种断面类型。

（2）集流点雨水井确定

为了使管网系统的入流量分配更符合实际情况,保证子汇水区地表径流分配到相应的排水管道集流点上(模型中为雨水井节点),即每个子汇水区对应一个节点,最理想的情况是每个子汇水区均能搜索到与其匹配的现状雨水井,以节点位置和上下井关系、邻近管线流向和干支流关系作为子汇水区集流点搜索的依据。如不能满足"点"—"面"——匹配,须对所有无法确定雨水集流点的子汇水区附近地表高程数据进行重新采集,并配合实地踏勘获取周围地势低洼区位置。对平原区城市地表起伏不大的区域,可将高程控制点转换成等高线图判断子汇水区汇流方向;对山丘区城市地表起伏较大的区域,可借助 ArcGIS 中的重采样工具将其转化成高分辨率(10 m×10 m)的栅格数据,再利用水文计算工具对各子汇水区进行填洼和流向确定,进而判断出该汇水区对应的"理论出水口"。判断子汇水区地表径流的流向和地势低洼点位置后,再利用边缘检测算法(又称提取算法)搜索子汇水区"理论出水口"附近的最低点位置。通过网格边缘点赋值绘制子汇水区栅格图,按照逆时针顺序依次扫描子汇水区附近的边缘点,直到查找出该子汇水区的最低节点为止,即找到了每个子汇水区所对应的唯一集流点。应用上述方法判定的集流点可以直接接入邻近下游子汇水区,也可以参考踏勘情况补充一定数量的集流点。最后再按照管道连接的上下游关系来确定雨水井的前后顺序,产生的地表径流由集流点经雨水管道最终流入排水管网。由此可见,栅格图边缘检测的精度越高,概化效果越接近实际情况。集流点确定流程如图 3-3 所示。

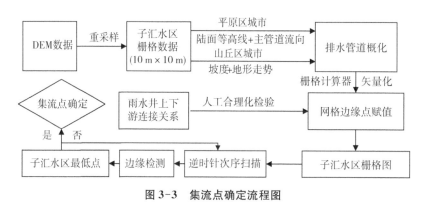

图 3-3 集流点确定流程图

3.3.2 排水系统精细化处理

SWMM 对输入数据要求较高,虽然将地形、排水管道(网)和雨水井等 shape 格式(.shp)文件转换为 input 格式(.inp)文件的工作量大,数据的校核与检验任务烦琐,但均是在大尺度城区构建 SWMM 不可省略的关键环节。以排水管道(网)拓扑关系的检验与修正为例,先利用 ArcGIS 中的拓扑检验工具进行管网数据的初步精选,自动辨别和纠正重叠或未连接管段,对连接错误、重叠的点、线、面予以修正,筛选出合理的可用管网;再利用 SWMM 的预运行自查功能,逐个定位 SWMM 拓扑检验存在问题的位置,做必要的工程合理性检查、连接性检查和排水管道纵断面图检查;最后通过模型中的管网设施编辑命令进行数据修正。具体处理流程如图 3-4 所示,该流程对地形数据、雨水井数据同样适用,可以有效地减少模型输入环节数据校核检验的工作量并大幅度降低模型输入阶段 SWMM 提示的错误报告及不合理警告数量。

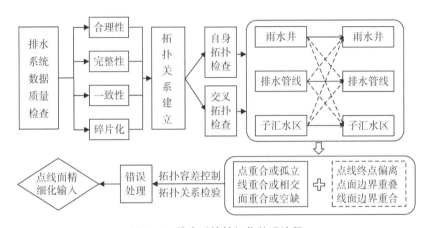

图 3-4　排水系统精细化处理流程

3.4　无管流监测数据模型校准的解决途径

3.4.1　模型校准解决途径

SWMM 模型在大暴雨洪水过程雨水井及排水管道充满度为 100% 时,默认雨水井上部的积水区为具有蓄水功能的存储设施[13],待排水系统非完全充满时,存储的积水再随之排出。结合雨水井产生积水的物理过程和现场踏勘,将待模拟的积水水体等效概化为圆锥体,进而推导得出积水点实测最大淹没水深和模拟最大径流深之间的转换关系,如公式(3-1)至式(3-4)所示。

$$w = \frac{1}{3}\pi\left(\frac{h'}{s}\right)^2 h' \tag{3-1}$$

式中:w 为模拟积水水量,m^3;h' 为模拟最大径流深,m;s 为平均坡度。

$$w = W - \int_{\tau_1}^{\tau_2} Q_t t \, \mathrm{d}t \tag{3-2}$$

式中:W 为降水径流总量,m^3;Q_t 为 t 时刻对应的管道排水流量,m^3/s。

由公式(3-1)和式(3-2)可得模拟最大径流深:

$$h' = \sqrt[3]{\frac{3(W - \int_{\tau_1}^{\tau_2} Q_t t\, dt) s^2}{\pi}} \tag{3-3}$$

$$h = H - H_0 \tag{3-4}$$

式中:H 为实测地表积水最高水位,m;H_0 为实测积水点最低初始高程,m;h 为积水点实测最大淹没水深,m。具体转换关系如图 3-5 所示。

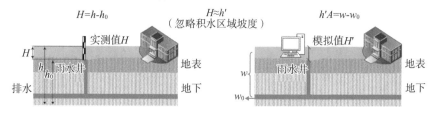

图 3-5　转换关系示意图

由于大暴雨洪水过程后,区域较易留下淹没洪痕,经多次实地调研和勘查典型校验点找寻 H_0 并以之为基准点,勘测附近路缘石、建筑物墙壁或交通设施桥墩的洪痕位置作为 H,借助公式(3-4)得到对应的 h。将模拟值与实测值进行对比,进而来完成模型参数率定和模拟结果的验证。

依据以上所述原理,在对北京历史特大暴雨过程分析、调研的基础上,选取 2012 年"7·21"、2011 年"6·23"两场典型特大暴雨分别作为此次模型参数率定和验证的降水过程,如图 3-6 所示。

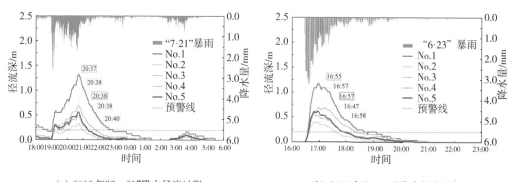

(a) 2012 年"7·21"降水径流过程　　　　(b) 2011 年"6·23"降水径流过程

图 3-6　各验证点模拟径流深过程线

3.4.2　参数率定

模型参数初始值参照用户手册中的取值范围设定，再根据区域的实际情势进行修正。相关研究也表明，SWMM 敏感性参数的预设和初步取值须基于当地实测数据[14]。对于子汇水区的面积、特征宽度、坡度、不透水率、管线长度等可通过数据库统计、现场补勘、测量确定参数，在此不作率定。而子汇水区曼宁系数、管道或明渠曼宁系数、透水区及非透水区洼蓄量等对雨洪径流模拟结果影响较大的敏感性参数，将作为主要校准对象，其参数初设值见表 3-2。

表 3-2　模型主要率定参数

参数类型	坡面汇流曼宁系数			排水系统曼宁系数			洼蓄量/mm	
	道路	屋顶或广场	草地	林地	闭合管段	明渠	透水区	非透水区
参考值	0.011～0.013	0.011～0.013	0.15～0.24	0.40～0.80	0.011～0.015	0.03～0.07	2.54～7.62	1.27～2.54
初设值	0.012	0.012	0.20	0.60	0.013	0.05	3.80	1.90
率定值	0.012	0.013	0.15	0.40	0.013	0.06	2.80	1.70

反复调试上述各类敏感性参数，直至所有校验点 h' 与 h 最接近为止；对子汇水区不透水部分面积占比（% Imperv）和不透水部分洼地蓄水深度（Dstore-Imperv）等参数，基于子汇水区精细划分技术，分析研究区下垫面性质并计算其面积，结合参数的不确定性分析和敏感性分析[15-16]，解析得出能客观反映区域实际的参数初值，在此基础上再进行调试。

经过参数率定后模拟的"7·21"降雨径流深过程线如图 3-6（a）所示，不同验证点 h' 与 h 的比较及误差统计见表 3-3。可知，各验证点 h' 值与 h 值之间的相对误差绝对值均不超过 5%，有 80% 验证点不超过 3%，根据城市排水系统雨洪径流模拟应用规范[17]，各验证点模拟结果均合格。据中国天气网报道，19:26 北京市 12 个桥区出现大面积积水，20:43 多路段积水严重导致车辆无法正常通行，21:03 除京港澳高速仍不能通行外，其他各高速运行正常[18]。模型计算的各校验点地表径流深都于当天 19:10 左右起涨，峰现时间在 20:40 左右，峰后开始回落的时间为 20:50 分左右，且积水退水时间较长，模拟过程与现场调查和媒体报道基本吻合。通过上述分析可知，此次参数率定合理，最终得出区域整体不透水部分面积占比为 52.8%，子汇水区不透水部分洼地蓄水深度为 0.2 cm，其他参数率定结果见表 3-3。

3.4.3　模型验证分析

基于率定参数，模拟各验证点 2011 年"6·23"降雨径流深过程线如图 3-6（b）所示，模拟结果和实测验证值见表 3-3。可知，地表径流深模拟相对误差不超过 ±5% 的有 3 处，占 60%，且最大绝对误差值仅 4 cm，总体模拟精度较好。图中不同验证点汇流深过程线涨落时间、峰值时间与走访调研的结果同样比较吻合。另外，SWMM 模拟的大羊坊沟河道有个别处出现漫溢，地铁亦庄线、北京盛氏雅丽服装有限公司门口、北京兴基铂尔曼饭店门口等地 17 时均出现大范围积水、积水近 1 m 深的内涝受淹情况[19]，与实地踏勘"6·23"大暴雨的结果基本一致。

表 3-3　最大径流深模拟误差对比

校验点	2012 年"7·21"暴雨			2011 年"6·23"暴雨			综合径流系数	
	h/m	h'/m	相对误差/%	h/m	h'/m	相对误差/%	Ψ	Ψ'
No. 1	1.28	1.32	3.13	1.15	1.17	1.74	0.85～0.95	0.86
No. 2	0.42	0.43	2.38	0.37	0.40	8.11	0.10～0.20	0.20
No. 3	0.80	0.81	1.25	0.70	0.68	−2.86	0.60～0.70	0.66
No. 4	0.64	0.65	1.56	0.53	0.57	7.55	0.20～0.45	0.41
No. 5	0.73	0.75	2.74	0.60	0.62	3.33	0.45～0.60	0.52

为减少参数值在验证点和子汇水区/区域上尺度的不兼容带来的误差，以不同土地类型区的径流系数的经验值作为补充校验，完善模型的验证过程。由表 3-3 可知，各校验子汇水区的径流系数模拟值（Ψ'）均在经验值（Ψ）范围内，再次证明了模型的可靠性。

综上可知，通过上述方法构建的核心区 SWMM 模型具备了一定的模拟精度和雨洪径流模拟的可信度，可应用于区域管网径流模拟。

参考文献

［1］WORLD METEOROLOGICAL ORGANIZATION. Flash flood forecasting[R]. Geneva：WMO，1981.

［2］KOUTROULIS A G，TSANIS I K. A method for estimating flash flood peak discharge in a poorly gauged basin：Case study for the 13 - 14 January 1994 flood，Giofiros basin，Crete，Greece[J]. Journal of Hydrology，2010，385(1-4)：150-164.

［3］YU P S，YANG T C. Using synthetic flow duration curves for rainfall-runoff model calibration at ungauged sites[J]. Hydrological Processes，2000，14(1)：117-133.

［4］YU P S，YANG T C，WANG Y C. Uncertainty analysis of regional flow duration curves [J]. Journal of Water Resources Planning and Management，2002，128(6)：424-430.

［5］SIVAPALAN M，TAKEUCHI K，FRANKS S W，et al. IAHS decade on predictions in ungauged basins（PUB），2003—2012：Shaping an exciting future for the hydrological sciences [J]. Hydrological Sciences Journal，2003，48(6)：857-880.

［6］井立阳，张行南，王俊，等. GIS 在三峡流域水文模拟中的应用[J]. 水利学报，2004(4)：15-20.

［7］黄国如. 利用区域流量历时曲线模拟东江流域无资料地区的日径流过程[J]. 水力发电学报，2007(4)：29-35.

［8］叶金印，李致家，吴勇拓. 一种用于缺资料地区山洪预警方法研究与应用[J]. 水力发电学报，

2013,32(3):15-19,33.

[9] SALVADORE E, BRONDERS J, BATELAAN O. Hydrological modelling of urbanized catchments:A review and future directions[J]. Journal of Hydrology,2015,529(1):62-81.

[10] NIEMI T J,WARSTA L,TAKA M,et al. Applicability of open rainfall data to event-scale urban rainfall-runoff modelling[J]. Journal of Hydrology,2017,547:143-155.

[11] 唐双成,罗纨,许青,等. 基于DRAINMOD模型的雨水花园运行效果影响因素[J]. 水科学进展,2018,29(3):407-414.

[12] 全国科学技术名词审定委员会. 水利科技名词:1997[M]. 北京:科学出版社,1998.

[13] ROSSMAN L A. Storm Water Management Model User's Manual Version 5.1[M]. US EPA,2015.

[14] 栾清华,付潇然,王海潮,等. 大尺度无管流数据城区SWMM构建及模拟——I.复杂下垫面城区数字精细化关键技术[J]. 水科学进展,2019,30(5):653-660.

[15] LIONG S Y, CHAN W T, LUM L H. Knowledge-based system for SWMM runoff component calibration[J]. Journal of Water Resources Planning and Management,1991,117(5):507-524.

[16] 赵冬泉,王浩正,陈吉宁,等. 城市暴雨径流模拟的参数不确定性研究[J]. 水科学进展,2009,20(1):45-51.

[17] 国家质量监督检验检疫总局,国家标准化管理委员会. 水文情报预报规范:GB/T 22482—2008[S]. 北京:中国标准出版社,2008.

[18] 天气灾害大事件第23期:北京"7.21"特大暴雨[N/OL]. 中国天气网.

[19] 赵刚,徐宗学,庞博,等. 基于改进填洼模型的城市洪涝灾害计算方法[J]. 水科学进展,2018,29(1):20-30.

第4章

海绵措施对城市雨洪径流过程的影响分析

随着城市化进程的加快,城市发展也遇到了一些诸如洪涝、城市水污染以及城市水短缺等环境问题,这些问题不仅威胁城市生态水文环境的健康与稳定,还限制城市的可持续发展。因此,在城市水文领域,提出并实践可持续性措施,成为开展城市水文过程研究的重要方向。其中,海绵城市建设作为一种新兴的城市水文治理方式,受到了人们的广泛关注。

海绵城市是通过"渗、滞、蓄、净、用、排"等措施,来减少城市地表径流,减缓洪峰,同时达到治理城市水污染、改善生态环境的目的。本章从海绵城市的理念研究出发,对LID雨洪措施设计的原理以及其他海绵化雨洪措施设计原理进行阐述,梳理了国内外不同雨洪措施评估的研究进展,并且就多类型海绵措施对雨洪的消纳效果进行评估。

4.1 LID雨洪措施理念

4.1.1 LID雨洪措施设计原理

低影响开发(LID)是借助一系列分散式、微观尺度的生态化措施设施,采用源头控制的手段将雨水就地下渗、蓄滞和消纳的土地发展模式和生态雨水管理方法,是一种与自然相协调、尽可能地从源头上管理雨水的土地开发或再开发的设计和管理模式[1]。LID以保持或再现自然景观特色为原则,最大限度地开发不透水地表,创建功能性的、景色宜人的就地下渗设施[2],因此,LID是一种功能型、实地型、环境友好型的设计[3]。

总结归纳LID的主要特征包括:①低影响性。即将人类活动与城市建设对水文过程的干扰降至最低,开发建设尽量不破坏自然状态的水文条件或不使其发生巨大的改变,以不破坏自然生态环境为目的,使用LID模式条件开发前后的城市布局、水系状况等不会发生明显改变,更多地融入了已有设施的开发与利用[4]。②分散性。低影响开发建设提倡借助分散、小型且成本低的技术手段和工程管理措施,可以在一定程度上避免在大尺度城区发生内涝连片成灾现象[5]。③可持续性。LID源头控制的设计思路将尽可能多的雨水消纳在初始阶段,当降水量超出该措施的控制标准时,该部分雨水量将溢流至附近具有蓄积、贮存功能的设施内,如下沉式绿地、调蓄池、滞蓄塘、坑塘或人工湖等。

LID 的核心理念来源于雨水的源头控制和延缓冲击负荷的思想,具体体现在分布式的调控设施,在地表产汇流的下渗、填注、滞蓄、过滤、沉淀、生物吸附、微生物降解等众多环节予以控制,其中前三个环节主要用于水量控制。LID 的流量控制理论即陆地水文学地表产汇流部分,其核心思想在于模拟自然条件下的地表产汇流过程。通过设置兼具雨洪消纳功能并与现有设施结合的土地开发模式,注重利用实地要素对雨洪水进行就地集蓄、利用或消纳,进而达到对雨洪水径流量的管理。具体的调控措施包括道路和建筑的合理性布局及透水铺装、下沉式绿地、生物滞留等小规模辅助设施的建设和布局,构建与自然相适应的城镇排水系统,合理利用景观空间,尽可能地将设施建设对自然环境的影响降至最低。LID 开发模式下的产汇流原理如图 4-1(c)所示,自然条件下的产汇流原理如图 4-1(a)所示,传统土地开发模式下的产汇流原理如图 4-1(b)所示。

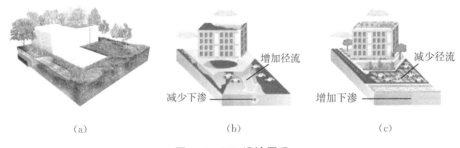

图 4-1　LID 设计原理

注:图(a)表示天然径流条件下的产汇流原理,图(b)表示传统开发模式下的产汇流原理,图(c)表示 LID 开发模式下的产汇流原理。

天然径流条件的下垫面透水率往往在 90% 以上,传统开发模式下的下垫面透水率不足 25%[6]。就同一场降水而言,随着下垫面透水率的降低,产生的地表径流量也随之增大。天然径流条件下,与总降水量相比,蒸散发量约占 40%,入渗量约占 50%,地表径流量仅占 10%;传统开发模式下,不注意下垫面对产汇流改变的影响,一味扩大城区面积,使得原有的大部分土地硬化,大大降低下渗率,当透水率小于 25% 时,入渗量约占总降水量的 15%,地表径流量占比高达 55%[6]。

如上所述,LID 的理念就是再次设法回归到天然状况,当然由于城市建设不可能百分百回归,这也是为何称 LID 为低影响开发而不是无影响开发的原因。当透水率增加到 50%~65% 时,地表径流量占比可削减到 30%;当透水率增加到 80%~90% 时,地表径流量占比可削减到 20%。为更方便比较产汇流原理,将上述不同透水率下垫面降水量分配情况绘图,如图 4-2 所示。

LID 设计的首要目标在于维护或修复城区的地表水文过程,通过提高城市建成区地表透水面积、延长产汇流路径、推迟地表径流峰值出现时间来进一步实现削减城市暴雨径流量、雨洪资源化管理、降低洪涝灾害风险、保护河道生态环境及提升景观效果等。

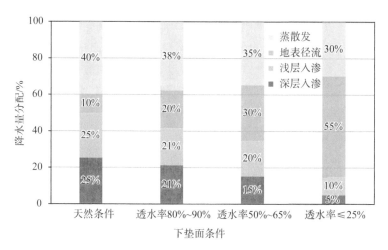

图 4-2　不同透水率下垫面降水量分配比较

LID的另一个目标是径流控制与自然景观相结合,通过LID载体建设,如居民小区绿地、陆面停车场、道路、公园、草坪等均是LID措施建设的优选载体,人工湖泊、干湿塘、下凹洼地等均可纳入载体建设范围。在城市人文景观与自然景观结合的基础上,可优化城市土地利用空间及布局,降低LID措施建设和维护的成本,使其既适用于城市新区建设,又可用于旧区改造。因此,LID是保证新区开发后的水文效应能够维持其开发前水平的有效途径,也是修复旧区径流效应和水生态环境的有效工具[7]。

(1)生物滞留网格设施

生物滞留网格,是一种借助植物、土壤及微生物等来实现对雨水的贮存、蓄渗和净化效果的网格设施,适用于地势低洼区域。按设施的结构可分为简易型生物滞留网格和复杂型生物滞留网格,按建设载体可分为雨水花园、生物滞留带、高位花坛等。在工程建设和设施布局过程中,应选在附近具有植草沟或绿植缓冲区的地块,选址原因在于上述区域可以在去除雨水中大颗粒杂质或污染物的同时减缓雨水径流流速。该设施实景如图4-3所示。

图 4-3　生物滞留网格设施示意图

(2)透水铺装设施

透水铺装按照铺装材质可分为透水砖铺装、透水水泥混凝土铺装、透水沥青混凝土铺装、嵌草砖铺装、园林鹅卵石铺装和碎石铺装等[4]。透水铺装的参数设定通常参照《透水砖路面技术规程》(CJJ/T 188—2012)、《透水沥青路面技术规程》(CJJ/T 190—2012)和《透水水泥混凝土路面技术规程》(CJJ/T 135—2009)等规定。该设施实景如图4-4所示。

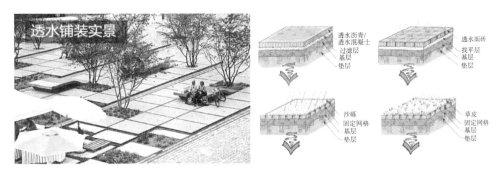

图 4-4　透水铺装设施示意图

（3）下沉式绿地设施

下沉式绿地按照《海绵城市建设技术指南——低影响开发雨水系统构建》的相关规定有狭义和广义之分。本节所述下沉式绿地设施侧重于狭义概念，即低于附近铺砌路面10～20 cm 的绿地。具体下沉深度应具体问题具体分析，通常根据所种植物的耐淹性和土壤渗透能力决定。该设施实景如图4-5所示。

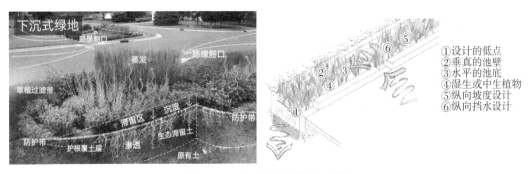

图 4-5　下沉式绿地设施示意图

（4）植草沟设施

植草沟在上述雨洪消纳措施中起到衔接各单项设施、雨污水排水的作用，兼具收集、输送的功能。植草沟断面形状主要有弧形、三角形和梯形。该设施实景如图4-6所示。

（5）雨洪储存设施

雨洪储存单元指对地表径流有一定贮水、调蓄能力的池塘、人工湖等，是多元雨洪消纳措施得以充分发挥效益的重要保障。该设施具有一定的调蓄库容，同时，与城市排水系统主干线衔接，易使城市雨洪峰值得以平抑，大幅度提高城区防洪排涝标准，也是城市水域景观的重要组成部分。该设施实景如图4-7所示。

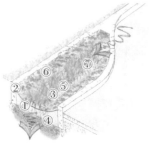

①设计的低点
②倾斜或垂直边坡
③坡底或平底
④边坡的中生或干生植物
⑤底部的湿生或中生植物
⑥纵向坡度设计
⑦纵向挡水设计

图4-6　植草沟设施示意图

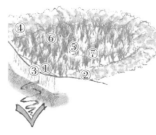

①设计的低点
②倾斜或垂直边坡
③圆底或平底
④边坡的中生或干生植物
⑤底部的湿生或中生植物
⑥挡水（可设计）
⑦纵向坡度（可设计）

图4-7　雨洪储存设施示意图

（6）绿色屋顶

绿色屋顶，又称种植屋面、屋顶绿化等，是设置在屋顶上的生态花园。作为闭合系统，屋顶绿化在源头处收集雨水，减慢雨水的排放，通过植物的蒸腾作用减少雨水量。屋顶绿化通过额外的隔离系统还能调节建筑温度，减少取暖和制冷负担，在控制强度、减少持续的暴雨水方面特别有效，在温和的气候下可以滞留50％的年累积径流。在定期的暴雨洪水易发气候下，屋顶绿化是值得采用的方式。该措施在国外应用较多，在平顶建筑和坡度较小建筑上适用性较好。绿色屋顶的设计可参考《种植屋面工程技术规程》(JGJ 155—2013)。鉴于在SWMM中缺少对该措施的直接添加功能，故不再赘述。该设施实景如图4-8所示。

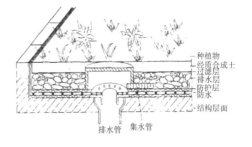

图4-8　绿色屋顶示意图

4.1.2　LID 雨洪措施国内外研究进展

城市长期高强度开发和扩张模式使得城市地表径流量大幅度增加,从而引发了城市洪涝积水、河流水系生态恶化、水污染加剧等问题[8]。这些问题给我国城市发展和基础设施建设模式敲响了警钟,也给建设城市现代雨洪管理体系提出了更高的要求[9]。为此我国提出更加符合国情的海绵城市措施来解决城市雨水循环利用以及污水处理的问题。

LID 是海绵建设中源头雨水及水质的有效控制措施,按种类可分为透水铺装、绿色屋顶、下沉式绿地、生物滞留网格等多种类型。

针对 LID 各种措施和组合措施的应用及其效果评估,世界各国的学者进行了深入研究。日本学者 Ikeda 等[10]以小山市为研究区域,通过 XP-SWMM 模拟的结果分析了 LID 措施的应用情况;结果表明,LID 措施的布设增加了下渗面积,从而降低了城市积涝深度。因为该市被两条河流包围,所以当总径流量超过河道排水能力时,LID 措施的效果会降低;但从城市尺度来看,大规模的 LID 措施能够减少径流量,有利于河道排水。

国外还通过 LID 措施对降雨洪峰流量的削减以及径流削减量等进行了实验研究。其中波兰学者 Joanna[11]比较了不同径流系数的汇水区在布设了多种 LID 措施后的径流量。对比现状情景的汇水区的总径流量,在雨水流量高峰期,绿色屋顶削减了 67% 以上,雨水花园削减了 20%。意大利学者 Palermo 等[12]以意大利南部的某城市为研究区,通过 LID 措施占总面积比 0%、30%、60%、100% 的四种组合,在子汇水区的尺度上对径流系数(Runoff Coefficient,RC)、径流削减量(Runoff Reduction,RR)和洪峰流量削减量(Peak Flow Reduction,PFR)三个指标进行了评价。结果表明,降雨重现期 10 年的情景下,绿色屋顶和透水路面两种措施的 RR 为 25.9%～62.8%、PFR 为 31.4%～83.8%。伊朗学者 Zahra 等[13]以美国纽约市布朗克斯河流域为例,分析了雨水收集、生物滞留池和多孔路面三种 LID 措施对径流变化的影响,发现在流域尺度上,雨水收集和生物滞留池方案可减少流量和峰值,同时在道路上布设多孔路面措施可使其峰值流量值下降更多。

美国学者 Michael 等以康涅狄格州沃特福德镇为研究区域,对已建设的 LID 措施(包括下沉式绿化带、透水铺装、雨水花园、生物滞留池)进行模拟分析,有 12 个地块建设了 LID 措施,面积占比为 21%。结果表明,LID 措施的建设使该区域的年径流量现状较城市化前变化不大。美国学者 Jessica 等[14]用农业部自然资源保护局的曲线数方法(SCS-CN)对弗吉尼亚州费尔法克斯县进行地表径流研究。结果表明,在 24 h 的年降雨情景下,总面积占比 0.5% 的生物滞留池或是渗透沟渠、总面积占比 18% 的土壤改良措施、占道路面积 50% 的透水铺装结合总面积占比 12% 的土壤改良措施,可将径流量减少到 1997 年的水平。美国学者 Wright 等[15]借助长期水文影响评估模型对印第安纳州若干低影响开发工程的径流控制和成本节省效果进行分析,得出低影响开发后的径流减少量在 10%～70%,而减少 1 m^3 径流的成本为 3～600 美元。由此可见,不同低影响开发工程的效果存在很大差距,若想在有限的经济和技术条件内,实现低影响开发雨水系统的效果最大化,关键在于构建一套尺度上相互衔接、空间上协调配合、技术上经济高效的低影响开发雨水系统规划方案。

芬兰学者 Guan 等[16]调查了芬兰南部某城镇开发前与 LID 措施建设后的径流状况。结果表明:①单一 LID 措施可以起到削减径流和延迟洪峰的作用,多种组合措施作用更为明显,但不能完全恢复开发前的状态,且高强度降雨情景下,也会降低 LID 措施的效果;②LID 措施的有效性体现在对径流路径的改变上。Davis[17]对美国马里兰大学 2 个生物滞留设施(集水面积的 2.2%)在 2 年重现期下 49 场降雨的水量调控效果监测表明,18% 的小降雨事件径流被完全截留,典型洪峰削减率为 44%~63%,洪峰到达时间延迟 2 倍以上。Hatt 等[18]对澳大利亚莫纳什大学生物滞留设施(集水面积的 1%)的 28 场降雨径流的监测结果显示,平均洪峰削减率为 80%。

在国内,周昕等[19]以南京市雨花台某区域为研究区,设计了多种海绵措施方案。结果表明,采用以绿色屋顶和透水铺装为主、生物滞留措施与雨水花园为辅的方案可以使降雨入渗达最大值,径流量最小,在 10 年重现期下,该方案径流削减率可达 35.8%,径流系数减小 0.291。张曼等[20]在天津大学水利工程仿真与安全国家重点实验室进行了透水铺装实验,得出对径流的控制能力,植草砖铺装(排水管)>植草砖铺装>透水砖铺装>普通方砖,入渗能力表现为植草砖铺装>透水砖铺装>普通方砖>植草砖铺装(排水管),随后又以天津市蓟州区某小区为研究区设计了组合 LID 措施。结果表明,LID 措施的有效性还要以合适的排水管网规划为基础,组合 LID 措施径流削减优于单一措施,但不是简单的措施叠加。贾海峰等[21]以广东环境保护工程职业学院佛山校区为研究区域,进行 LID BMPs 措施的情景模拟,结果表明以绿色屋顶和植物蓄留池为主、植草沟雨水罐为辅的方案相比学校现状情景削减径流量 14.5%,削减最大峰值流量 13.7%。李家科等[22]以西安市某片区为研究区域,对雨水花园调控效果的模拟得出,当设置面积比例约为 2% 时,在降雨重现期为 2 年和 20 年的情景下,洪峰流量迟滞时间为 5~7 min,径流总量削减率为 25.69%~42.02%。

颜玲[23]对某城区进行了 LID 措施的模拟。结果表明,在措施面积相同时,削减效果为雨水花园>透水路面>绿色屋顶。刘洁等[24]以成都市某住宅区为研究区域。结果表明,LID 组合方案能达到最佳径流控制效果,其中生物滞留池的径流控制效果最强,绿色屋顶和植草沟的径流控制效果相对较弱。卢茜等[25]对南方某老城区进行了雨洪模拟和 LID 措施布设,发现仅改变排水管网的管径大小对雨水井溢流的控制不明显,仅添加 LID 措施,其效果也会因老城区管网设计过小而使措施效率降低;根据各类措施的组合结果得出,当 $P > 20$ 年时,应重 LID 措施、轻管径改造,当 $P \leqslant 20$ 年时,应重管径改造、轻 LID 措施。李翠梅等[26]以苏州市某小区为研究区域。结果表明,重现期为 5 年时,多孔路面措施的洪峰削减率为 60%,平均径流系数减少 27.2%;下沉式绿地措施的峰现时刻推迟 7 min;上述两种措施组合时,洪峰削减率为 71.1%,峰现时刻推迟 11 min,平均径流系数减少 37.5%。分析还得出,下沉式绿地对延长峰现时间的效果优于多孔路面,多孔路面对削减洪峰流量和减小平均径流系数优于下沉式绿地。

朱培元等[27]以南昌市某住宅小区为研究区域。结果表明,采用下沉式绿地、渗透铺装、植被浅沟的小区雨水系统,在重现期为 1～10 年时总径流量、洪峰流量分别减少13.9%～25.1%、31.6%～47.9%;在此基础上,又将绿色屋顶和雨水桶串联起来进行研究得出,雨水桶比绿色屋顶有更强的径流削减作用,但在降雨较大时,单用雨水桶不能发挥削峰效果,此时应用绿色屋顶有较好的洪峰控制效果。李思祎等[28]以西安市城区重点雨涝区为研究区域,设置的 15% 透水路面和 75% 绿色屋顶对洪峰流量削减效果最为明显,但洪量削减却从降雨重现期 1 年情景的 36% 下降至 10 年情景的 24.3%,证明了 LID措施效果会随着降雨重现期的增大而明显下降。

杨钢等[29]以北京市大红门排水片区为研究区域,设计了双峰雨型进行雨洪模拟和LID 措施布设。结果表明,在重现期较小的降雨中,LID 措施对双峰暴雨条件下的第一雨峰产生的城市洪水具有很强的削减效果,洪峰及洪量削减率最高分别达 86.56% 和72.53%;但在重现期较大的降雨中,LID 措施对暴雨产生的城市洪水的削减效果却十分有限,尤其对第二雨峰所产生的城市洪水,基本不具有削减效果,对特大暴雨的洪峰及洪量削减率仅在 10% 左右。

熊赟等[30]以深圳市某已建公共建筑为例进行 LID 模块(绿色屋顶、下沉式绿地、植被草沟、透水性铺装和雨水桶)的布设和模拟。结果表明,在年降雨条件下,5 种 LID 措施的组合使年径流总量控制率可达 60%。在场降雨条件下,5 种组合 LID 设施对峰值流量的削减率最高可达 43%;其中,绿色屋顶和透水铺装对雨水径流总量的削减贡献较大,分别为 36.1% 和 30.5%;绿色屋顶对峰值流量的削减贡献最大,为 53.7%。

万程辉等[31]以萍乡市示范区为例,在暴雨重现期 1 年和 3 年时,LID 措施对洪峰削减率较低,只有 36.36%、48.26%;在暴雨重现期 10 年和 20 年时,LID 措施对洪峰削减率高达 57.89%、61%。对于一般暴雨,采用的 LID(透水路面、生物滞留池以及雨水花园)的组合措施对流量的削减效果比较明显,但对洪峰的推迟并不明显。

冉小青等[32]以萍乡经济开发区的某条路段为研究区域,分析下沉式绿地、下沉式绿地＋透水砖和下沉式绿地＋透水砖＋透水路面 3 种典型海绵措施方案的雨洪控制效果;在 2 年、10 年和 100 年重现期的降雨条件下,相比传统方案,全年总径流量减少44.95%～63.94%,洪峰流量削减率为 0.20%～59.69%,径流总量削减率为 12.69%～63.99%,洪峰迟滞时间为 2～5 min;分析 3 组方案,峰值和出流量削减率均表现为同一规律,方案三＞方案二＞方案一,但 3 组方案的峰值迟滞时间差别不大,说明透水砖和透水路面对峰值和出流量具有一定的削减效果,但对峰值来临的时间作用不大。

4.2　海绵化雨洪措施理念

海绵城市是为了解决我国目前面临的一系列城市水问题而提出的一种创新性建设理念,它的范围涉及广泛,主要包括防洪排涝、水生态修复及水土涵养等多种工程措施。海绵城市实施具有空间尺度性,一般从宏观、中观及微观进行综合规划设计,宏观主要从流域全局出发,将落实城市群总体规划设计作为区域的生态基础设施建设;中观层面主要从城市、城镇尺度出发,重点关注区域内的河道、坑塘以及原有集水区的改造或重建;而微观层面主要涉及小区、校园等小尺度区域,主要加强城市海绵措施设置[33]。

就城市雨洪的控制、利用和管理而言,中观层面的措施至关重要,除了上述的 LID 措施外,湿地公园、管网改造及河流廊道的构建是目前常用的海绵化措施。

（1）湿地公园

伴随着城市的快速发展,城市湿地公园因其强大的生态调节功能以及特别的景观倍受人们的关注。其中生态湿地公园是以水位为主体的海绵公园,既可以调蓄雨洪,又具有美化景观的作用。

湿地公园建设的本质就是通过人工恢复或者重建湿地生态系统,并且按照城市具体功能以及职责来进行改造规划和建设,使其具有雨洪调蓄、景观观赏以及水质改造等一系列功能(图 4-9)。城市湿地公园有一定的调节水流数量、控制洪水的能力。在雨洪季节时,城市湿地公园可以存储大量降水,类似于一个容量庞大的蓄水池,并可以较为平均地放出径流,降低危害下游的洪水灾害可能性,同时利用其强大的蓄水净化透水能力,为地下含水层蓄补水源,既充分利用了湿地公园的储水空间,又对城市地表径流进行了有效的调控,保障了城市的洪涝安全。此外,湿地公园内的水生植物和微生物可以通过吸附和分解雨洪中携带的污染物对城市地表径流中的污染物进行有效削减,保护了水生态环境的安全。洪水过后,湿地公园内储存的雨水可以用作景观水体或者补给城市河湖基流用水。这样既保证了城市在面临暴雨时,实现径流减控,又能再次循环使用雨水,节约城市水资源。

图 4-9　湿地公园建设示意图

（2）管网改造

管网改造的实质就是降低排水管网的充满度，减少管道的承压状态，对排水管网进行改造主要是通过扩大管道直径和减少逆坡等措施来增大管网的排水能力，降低管道的充满度。排水管网是由汇集和排放雨污水的管道及集水井等设施组成的管网系统。目前我国部分城市排水管网中存在设计标准较低和排水能力不足等问题，已经引起广大专家学者的关注，关于城市排水管网改造的研究和实践也在大量地展开和应用。

（3）河流廊道

河流廊道是为恢复河流的自然属性，采取一定工程措施对河流原有生态情景进行还原。通过恢复河流漫滩、河岸以及两侧的植被、种植亲水植物打造亲水河岸，增大河流的行洪能力。在汛期，超标洪水可以通过淹没两侧河堤走廊来扩大行洪能力，同时河道两侧的植被也兼具削减河流污染物的功能。在洪水退去后，河流廊道重新恢复景观功能。河流廊道示意图见图 4-10。

图 4-10　河流廊道示意图

海绵城市的建设基于城市水循环而成立，主要是通过一系列措施来改变雨水或污水在城市水循环的位置或者速度，通过以上海绵措施来使城市水循环更加趋近于自然水循环,并且在保持城市自然条件的情况下,以水循环各个途径中的各个部分的功能作为切入点来综合解决城市洪涝以及雨水利用等问题。

海绵城市在确保城市排水防涝安全的前提下,最大限度地实现雨水在城市区域的积存、渗透和净化,促进雨水资源的利用和生态环境保护[34]。

4.3 雨洪措施对水文过程影响研究

4.3.1 产汇流响应特征分析

该案例研究区位于北京亦庄经济开发区,区域属于北方平原典型城区(详见图 3-1)。城市建设用地类型呈混合型交错分布,其中城市内居住用地、公共服务与商业服务设施用地、工业用地等三种类型用地面积占总建设用地面积的 80% 以上,其余的建设用地为道路与交通设施用地和公园绿地(详见表 3-1)。

基于 4.1.1 节所述的雨洪措施设计原理,考虑不同用地类型的适应性和成效性,在多元雨洪消纳措施综合规划阶段,应充分考虑研究区内不同设施的特性、适用范围及建设成本等。同时,兼顾区域下垫面的建筑用地布局,尽可能地利用现有城市设施和景观要素,根据单一雨洪消纳设施之间的相互联系和衍生关系,将多元单一措施加以合理化组合,形成综合型多元雨洪消纳系统。

在选取雨洪消纳措施时应把握以下原则:①紧凑式与分散式建设多措并举,依据不同地块土地利用现状及其复合程度,确保在有限承载力范围内对已有空间实施合理化布局;②依据现有设施、现有景观和计划开发规模,因地制宜地在不同尺度区域范围建设雨洪消纳组合设施;③参照已有研究成果,对预设雨洪消纳措施成本、成效做提前预算,促进多元雨洪消纳措施的有机结合更加合理化。

在充分考虑亦庄核心区的下垫面特征、透水与不透水表面空间布局的前提下,基于分布式的设计思想,参考《北京经济技术开发区雨水利用规划》中雨洪综合管理措施的规划布局,同时尽可能地利用现有的场地景观要素,将 LID 措施与储水单元结合,建立了适合亦庄核心区的连续型多元雨洪消纳措施系统。核心区不同用地类型区域雨洪消纳措施选取结果见表 4-1。

表 4-1　亦庄核心区不同地类型区域雨洪消纳措施选用情况表

用地类型	生物滞留	透水铺装	下沉式绿地	植草沟	储水单元
居住用地	√	√	—	—	√
公共服务与商业服务设施用地	√	—	√	√	—
工业用地	—	√	√	—	√
道路与交通设施用地	—	√	—	√	—
公园绿地	√	—	√	—	√

通过 SWMM 对研究区域进行雨洪模拟,以北京 2016 年"7·20"特大暴雨和 2016 年"9·07"典型降水产生的地表最大淹没深度为主要验证指标,据媒体资料报道及现场记录内涝点最大水深数据,对模型进行率定和验证。

在各用地类型中,道路与交通设施用地的雨洪消纳措施在径流总量、最大径流深并未表现出随重现期的增大而削减幅度随之增大。多元雨洪消纳措施的建设在地表径流总量的调控方面,工业用地(No.4)、居住用地(No.3)调控效果最好,其次是道路与交通设施用地(No.1)、公共服务与商业服务设施用地(No.5),再次是公园绿地(No.2);最大径流深的削峰效果显著,各地块削减幅度均在 40%～50%;各地块的内涝持续时间也大幅降低。通过上述三个方面的横向对比,总体上讲,各地块对 5 年一遇设计暴雨的削减幅度均大于其他 3 个重现期的设计暴雨。

(1) 各典型子汇水区响应共性

在建设雨洪消纳措施之后,总体上,以 No.1 为代表的最大径流深较其他用地类型大,以 No.2 为代表的最大径流深较其他用地类型小,且均在 20 cm 以下。对于 5 年一遇的设计暴雨,5 类地块最大径流深均降至 40 cm 以下,以 No.2、No.4、No.5 为代表的地块,最大径流深均降至 20 cm 以下,即仅仅是局部范围积水,不会发生大范围的内涝受淹现象。不同用地类型区的最大径流深对比情况如图 4-11 所示。

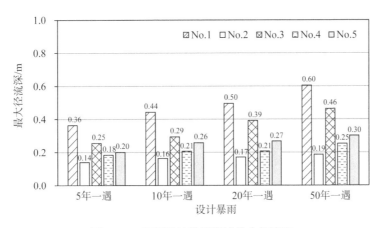

图 4-11　不同用地类型区域最大径流深

(2) 不同设计暴雨

在建设雨洪消纳措施之后,随着设计暴雨重现期的增加,内涝持续时间仍然增加。对于总体削减效果最为明显的 No.4 地块,各重现期设计暴雨情景下最大径流深均在 30 cm 以下,其中对于 5 年一遇的设计暴雨,该地块不会发生内涝。对于 10 年、20 年一遇的设计暴雨,其最大径流深也仅仅达到内涝临界值,较无雨洪消纳措施的现状条件有了更强的防洪排涝能力。不同设计暴雨情景下最大径流深如图 4-12 所示。

No.1 在 5 年一遇设计暴雨下,汇水区最大径流深为 0.36 m,相对该重现期而言,10 年一遇设计暴雨最大径流深的增加幅度是 22.2%,20 年一遇设计暴雨最大径流深的

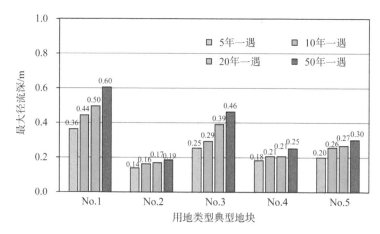

图 4-12　不同设计暴雨情景下最大径流深

增加幅度是 38.9%,50 年一遇设计暴雨最大径流深的增加幅度是 66.7%。

No.2 在 5 年一遇设计暴雨下,汇水区最大径流深为 0.14 m,相对该重现期而言,10 年一遇设计暴雨最大径流深的增加幅度是 14.3%,20 年一遇设计暴雨最大径流深的增加幅度是 21.4%,50 年一遇设计暴雨最大径流深的增加幅度是 35.7%。

多元雨洪消纳措施建成后,增加了道路与交通设施用地和居住用地的产汇流响应程度,削减了公园绿地、工业用地、公共服务与商业服务设施用地不同重现期设计暴雨之间的响应强度。对于不同重现期的设计暴雨而言,虽然各用地类型区的地表径流量在雨洪消纳措施建成后均有所下降,但 20 年一遇、50 年一遇的设计暴雨对降雨总量和最大降雨强度的响应速率明显提高,也证明了多元雨洪消纳措施对 5 年、10 年等较短重现期的设计暴雨效果更加明显。

当采取多元雨洪消纳措施后,虽然仍有内涝积水出现,但是就各用地类型区整体而言,内涝持续时间已大幅降低。不同重现期的设计暴雨在各地块对内涝持续时间的影响各不相同。在 No.1 地块的模拟结果中,5 年一遇的设计暴雨与 10 年一遇的设计暴雨产生的内涝持续时间一致,均为 40 min,20 年一遇的设计暴雨与 50 年一遇的设计暴雨产生的内涝持续时间同为 50 min;仍然是 5 年一遇的设计暴雨情境下,无内涝发生的地块最多。而对于 50 年一遇的设计暴雨,其在各地块均发生内涝,内涝持续时间最长 50 min,最短 5 min。不同设计暴雨内涝持续时间统计结果如图 4-13 所示。

4.3.2　区域交通影响分析

该案例以珠海市香洲城区为研究对象(图 4-14),基于 MIKE URBAN 模型建立城市管网模型,通过珠海市 2020 年 5 月 30 日和同年 9 月 29 日的两场实测降雨及现场积水测定数据完成模型的率定和验证,满足相关规范要求的模拟精度。

通过对研究区的实地踏勘,同时参考区域的雨水检查井直径、数量及分布等相关数据,将降雨峰值时溢流水位高出地面 0.5 m 的检查井数量出现较多的区域选定为易涝路

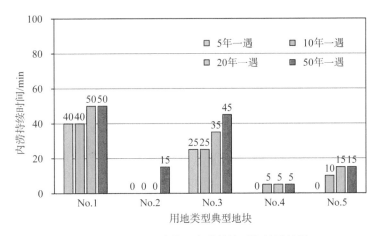

图 4-13　不同设计暴雨内涝持续时间统计结果

段。根据模拟结果分析得出,区域存在①兰埔路中心医院段、②九州大道白莲洞公园段、③景山路海滨公园段、④九州大道东交通银行段、⑤九州大道东珠海大厦段、⑥情侣南路九州花园段、⑦情侣南路中段和⑧粤海东路共 8 个易涝路段。其中,①～⑤易涝路段均居于北部溢流区,②～⑥、⑧易涝点集中于主干路上。

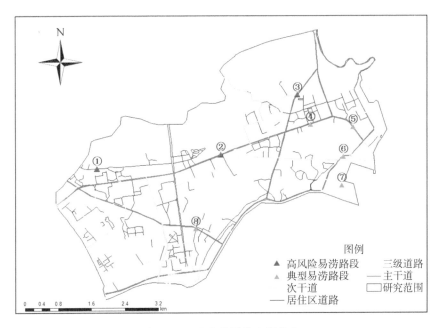

图 4-14　研究区易涝路段分布

（1）道路积水对行车速度的影响

目前国外学者针对道路积水对车辆行驶速度的影响研究集中于收集降雨数据和实测车辆速度数据进行分析。针对特定积水深度分析其影响的研究较少,我国学者基于实测数据和理论研究成果,构建了降雨过程中受积水深度影响的行车速度的衰减模型[35]

（表 4-2）。

$$V = \frac{V_0}{2}\tanh\left(\frac{-x+a}{b}\right) + \frac{V_0}{2} \tag{4-1}$$

表 4-2　行车速度衰减模型参数表

参数	意义	单位及说明
V	实际行车速度	km/h
V_0	路段设计车速	km/h
x	积水深度	cm
a	使车辆停滞的临界积水深度的中值	cm
b	衰减弹性系数	车速随水深衰减的速率，一般取 3～5，取值越小，则衰减速度越快。本研究取 4.0

根据公式（4-1），可以得出不同积水深度条件下实际车速与设计车速的比例值公式。

$$\frac{V}{V_0} = \frac{1}{2}\tanh\left(\frac{-x+a}{b}\right) + \frac{1}{2} \tag{4-2}$$

式中：V 为实际行车速度，km/h；V_0 为路段设计车速，km/h；x 为积水深度，cm；a 为使车辆停滞的临界积水深度的中值，cm；b 为衰减弹性系数，表示车速随水深衰减的速率，一般取 3～5，b 的取值越小，则速度衰减越快。

由公式（4-2）可以得出不同积水深度情况下行车速度的衰减情况，如图 4-15 所示。

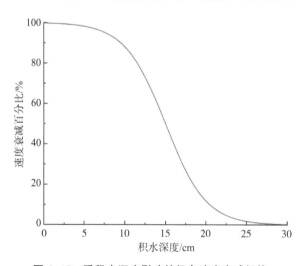

图 4-15　受积水深度影响的行车速度衰减规律

图 4-15 可以反映出行车速度随积水深度变化而衰减的普遍规律：当积水深度为 0～5 cm 时，行车速度基本不受影响，速度衰减较慢；当积水深度为 5～25 cm 时，随着积水深度的增加，行车速度显著受到影响，其衰减程度加剧，在 15 cm 时速率已衰减 50% 左右，

在 25 cm 时,行车速率衰减超 90%;当积水深度大于 25 cm 时,行车速度逐渐衰减至 0,出现行车停滞状态。

我国城市区域路缘石一般高于路面 15 cm,一旦路面积水深度超过 15 cm,会影响到驾驶员对路面的判断,同时《城镇内涝防治技术标准规范》《室外排水设计规范》都将 15 cm 作为道路行车安全的临界值点,在此同样取 $a=15$ cm。由公式(4-2)得出研究区不同重现期设计暴雨下的保留系数(V/V_0),见图 4-16。

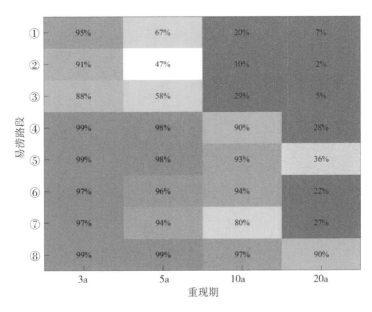

图 4-16　易涝路段设计速度保留系数

（2）道路积水对交通状况的影响

车辆受到积水影响导致行车速度降低是造成道路拥堵的重要原因之一。在此,从行车速度的角度分析由道路不同积水深度引起的行车速度的变化而导致交通拥堵的过程。

《城市交通运行状况评价规范》（GB/T 33171—2016）[36]中按照路段平均行程速度［即公式(4-2)中实际行车速度］与自由流速度［即公式(4-2)中设计车速］的关系,将路段交通运行状况划分为五个等级,详见表 4-3。依据这一原则,对设计速度保留系数计算结果进行道路拥堵风险等级划分,如图 4-16 所示。

表 4-3　路段交通运行状况等级划分表

运行状况等级	畅通	基本畅通	轻度拥堵	中度拥堵	严重拥堵
取值范围	$V_{kj} > V^f \times 70\%$	$V^f \times 50\% < V_{kj} < V^f \times 70\%$	$V^f \times 40\% < V_{kj} < V^f \times 50\%$	$V^f \times 30\% < V_{kj} < V^f \times 40\%$	$V_{kj} < V^f \times 30\%$
颜色表示					

注:V_{kj} 表示路段平均速度,V^f 表示路段自由流速度。

可以看出,研究区北部的①~③易涝路段的交通运行情况受积水的影响较大,路段平均速度随重现期变化下降较快。3年一遇情况下各路段的行车畅通,基本不受积水影响,5年一遇情况下②九州大道白莲洞公园段出现轻度拥堵;①兰埔路中心医院段和③景山路海滨公园段基本畅通;10年一遇情况下③景山路海滨公园、①兰埔路中心医院段和②九州大道白莲洞公园段为严重拥堵且拥堵程度依次增加,20年一遇情况下除⑧粤海东路畅通,九州大道东珠海大厦段为中度拥堵外,其他路段均为严重拥堵。

综上,路段①兰埔路中心医院段、②九州大道白莲洞公园段和③景山路海滨公园段在5年一遇情景下已经出现不同程度的行车缓慢情况,可以认为是交通拥堵的高风险区域;而剩余④~⑧路段在3年、5年和10年一遇情景下仍处于畅通状态,其中④九州大道东交通银行段、⑥情侣南路九州花园段和⑦情侣南路中段仅在20年一遇情景下出现严重拥堵,⑤九州大道东珠海大厦段仅在20年一遇情景下出现中度拥堵。

参考文献

[1] 乔纳森·帕金森,奥尔·马克. 发展中国家城市雨洪管理[M].周玉文,赵树旗,等,译.北京:中国建筑工业出版社,2007.

[2] DIETZ M E,CLAUSEN J C. Stormwater runoff and export changes with development in a traditional and low impact subdivision[J]. Journal of Environmental Management,2008,87(4):560-566.

[3] HORNER R R,LIM H,BURGES S J. Hydrologic monitoring of the Seattle ultra-urban storm water management projects:summary of the 2000—2003 water years[R]. Seattle:University of Washington,2004.

[4] 王建龙,车伍,易红星. 基于低影响开发的城市雨洪控制与利用方法[J]. 中国给水排水,2009,25(14):6-9,16.

[5] 周乃晟,贺宝根. 城市水文学概论[M]. 上海:华东师范大学出版社,1995.

[6] SAMUEL E W. Low impact development hydrologic analysis[R]. Maryland:Department of Environmental Resoures,1999.

[7] 车伍,闫攀,赵杨,等. 国际现代雨洪管理体系的发展及剖析[J]. 中国给水排水,2014,30(18):45-51.

[8] 廖朝轩,高爱国,黄恩浩. 国外雨水管理对我国海绵城市建设的启示[J]. 水资源保护,2016,32(1):42-45,50.

[9] 仇保兴. 海绵城市(LID)的内涵、途径与展望[J]. 给水排水,2015,51(3):1-7.

[10] IKEDA H,LIN T Y,IIMURA K. Modeling stormwater management at Oyama city in response to changes in low impact development[C]. The 2nd Join Conference of Utsunomiya University and Universitas Padjadjaran,2017:195-199.

[11] BAK J. Modelling the relationship between LID practices and the runoff of rainwater through the example of rainfall data for Krakow[R]. E3S Web of Conferences,2018.

[12] PALERMO S A,TALARICO V C,TURCO M. On the LID systems effectiveness for

urban stormwater management:case study in Southern Italy[J]. IOP Conference Series Earth and Environmental Science,2020,410(1):012012.

[13] ZAHMATKESH Z,KARAMOUZ M,BURIAN S J, et al. LID implementation to mitigate climate change impacts on urban runoff[C]. World Environmental and Water Resources Congress, 2014.

[14] HEKL J A,ASCE S M,DYMOND R L, et al. Runoff impacts and LID techniques for mansionization-based stormwater effects in Fairfax County, Virginia [J]. Journal of Sustainable Water in the Built Environment,2016,2(4):05016001.

[15] WRIGHT T J,LIU Y Z,CARROLL N J, et al. Retrofitting LID practices into existing neighborhoods:Is it worth it? [J]. Environmental Management,2016,57(4):856-867.

[16] GUAN M F,NORA S,HARRI K. Assessment of LID practices for restoring pre-development runoff regime in an urbanized catchment in southern Finland[J]. Water Science and Technology, 2015,71(10):1485-1491.

[17] DAVIS A P. Field performance of bioretention:Hydrology impacts[J]. Journal of Hydrologic Engineering,2008,13(2):90-95.

[18] HATT B E,FLETCHER T D,DELETIC A. Hydrologic and pollutant removal performance of stormwater biofiltration systems at the field scale[J]. Journal of Hydrology,2009,365(3-4): 310-321.

[19] 周昕,高玉琴,吴迪. 不同 LID 设施组合对区域雨洪控制效果的影响模拟[J]. 水资源保护,2021, 37(3):26-31,73.

[20] 张曼,周可可,张婷,等. 城市典型 LID 措施水文效应及雨洪控制效果分析[J]. 水力发电学报, 2019,38(5):57-71.

[21] 贾海峰,姚海蓉,唐颖,等. 城市降雨径流控制 LID BMPs 规划方法及案例[J]. 水科学进展,2014, 25(2):260-267.

[22] 李家科,李亚,沈冰,等. 基于 SWMM 模型的城市雨水花园调控措施的效果模拟[J]. 水力发电学报,2014,33(4):60-67.

[23] 颜玲. 基于 LID 模式的城区排涝模数探析[J]. 水利规划与设计,2017(6):61-63.

[24] 刘洁,李玉琼,张翔,等. 基于 SWMM 的不同 LID 措施城市雨洪控制效果模拟研究[J]. 中国农村水利水电,2020(7):6-11.

[25] 卢茜,周冠南,李良松,等. 基于 SWMM 的城市排涝措施研究及应用[J]. 水利水电技术,2019, 50(7):13-21.

[26] 李翠梅,罗贤达,黄锐. 基于 SWMM 的低冲击开发雨洪控制过程模拟[J]. 兰州理工大学学报, 2016,42(2):144-147.

[27] 朱培元,傅春,肖存艳. 基于 SWMM 的住宅区多 LID 措施雨水系统径流控制[J]. 水电能源科学, 2018,36(3):10-13.

[28] 李思祎,张建丰,李涛,等. 基于 SWMM 模型的 LID 设施的雨洪控制效果分析[J]. 中国农村水利水电,2019(6):60-65.

[29] 杨钢,徐宗学,赵刚,等. 基于 SWMM 模型的北京大红门排水区雨洪模拟及 LID 效果评价[J]. 北京师范大学学报(自然科学版),2018,54(5):628-634.

［30］熊赟,李子富,胡爱兵,等.某低影响开发公共建筑雨洪效应的 SWMM 模拟与评估[J].给水排水,2015,51(S1):282-285.

［31］万程辉,杨金文,裴青宝,等.基于 SWMM 模型的暴雨模拟与 LID 效果评价——以萍乡市示范区为例[J].南昌工程学院学报,2019,38(6):75-80.

［32］冉小青,李元松,卓浩,等.基于 SWMM 模型的海绵城市道路雨洪控制方案研究[J].中国农村水利水电,2020(2):40-43,47.

［33］朱翠萍.基于海绵城市理念的雨洪设施多尺度规划与实施——以嘉兴市为例[J].浙江建筑,2018,35(2):18-22.

［34］车伍,赵杨,李俊奇,等.海绵城市建设指南解读之基本概念与综合目标[J].中国给水排水,2015,31(8):1-5.

［35］杜磊,杨晓宽.不同道路积水情况对交通影响及造成损失的研究[C]//第十一次全国城市道路交通学术会议论文集.2011.

［36］中华人民共和国交通运输部.城市交通运行状况评价规范:GB/T 33171—2016[S].北京:中国标准出版社,2016.

第 5 章

浅山型城区应用案例研究——香山地区

5.1 香山地区概况

研究区位于北京市香山东侧山脚,是一个封闭的山地集水区,总面积为 11.75 km²,最高海拔 667 m,最低海拔 70 m,属于北京市海淀区香山街道山区。研究区域地理位置如图 5-1 所示。

研究区位于东亚季风区温暖半湿润地带,具有明显的大陆性季风气候和较大的年温差,年平均气温约为 11.7 ℃。据统计,海淀区常年(1991—2020 年)平均降水量为 586.3 mm,年降水量分配不均,汛期降水约占全年降水的 75.8%。降水量年际变化大,有历史记录以来,1956 年达最大值 1 115.7 mm,1965 年为最小值 281.4 mm。丰水年的降水量接近枯水年的四倍。地下水补给量来源于降水和河流入渗,地下径流由西北向东南流动。年降水量分配不均,丰水年的降水量接近枯水年的 4 倍,汛期降水量占全年降水量的 80% 以上。地下水补给来源于降水和河流入渗,地下径流由西北向东南流动。

5.2 模型选择与构建

5.2.1 水文模型的选择

利用模型评价 LID 措施效果是最简单而准确的方法,常用的模型包括长期水文影响评估-低影响开发模型(Long Term Hydrologic Impact Assessment-The Low Impact Development,LTHIA-LID)、改进后的 SCS-CN(Soil Conservation Service Curve Number)模型、城市雨水处理分析集成系统模型[1] 和 SWMM 模型。2016 年 DHI-China 开发了适合我国市场的海绵城市辅助设计模块(Sponge City Aided Design,SCAD),并应用于 Mike Urban 模型中[2]。

SWMM 模型是一种基于物理的模拟模型,可根据地表径流、入渗、地表积水和水流

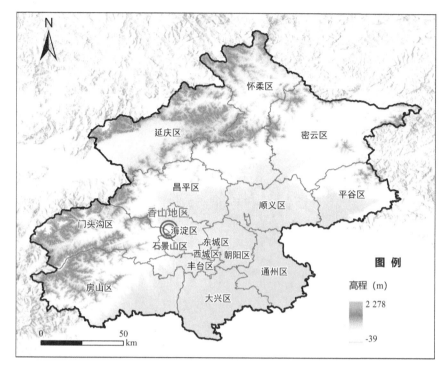

图 5-1　研究区域地理位置示意图

路径的物理过程模拟暴雨径流量,具有灵活的结构和开放的代码,在地表径流模拟中应用较为广泛。目前,SWMM 模型已升级多次,功能有显著的改进。与其他模型相比,SWMM 具有更好的模拟效果,被广泛应用于暴雨洪水地表径流过程的评价和预报。Marsalek 等[3]对美国 3 个典型小流域的 12 次暴雨事件进行了深入研究,结果表明 SWMM 模拟结果与实测径流结果吻合较好。Park 等[4]建立了韩国釜山的 SWMM 模型,对比分析 3 种类型的蓄水池(重现期分别为 2 年、10 年、100 年)所需的规模和蓄水范围,并对建设成本、土地成本、池塘收益进行了评估,结果表明重现期为 2 年的蓄水池收益最好。Villarreal 等[5]模拟并分析了降雨重现期分别为 0.5 年、2 年、5 年和 10 年时某中心城区实施暴雨洪水管理措施后的效果。

在 LID 模拟方面,SWMM 是最早由 LID 模块[6]补充的水文模型之一。SWMM 中 LID 模块提供了五种单一的雨水径流控制措施。将 LID 模块与水力模块相结合,可以模拟区域地表径流、峰值流量等水文过程及其关键因素,并且可以通过这些关键因素来评价 LID 的径流削减效果。不同 LID 措施的 SWMM 模型也在不同地区和国家得到了广泛的应用,特别是在中国。Qin 等[7]评价了深圳光明新区不同降雨类型下单一 LID 措施及 LID 组合措施的效果,并且胡爱兵等[8]对该区域市政道路实施 LID 的效果进行了评价。Jia 等[9]对 LID-BMPs 在北京奥林匹克公园的实施效果进行了评价。李家科等[10]对西安某小区雨水花园进行了模拟分析。王文亮等[11]对北京某住宅区的排水管道改造和 LID 规划进行了评估。此外,相关研究表明 SWMM 可用于平原、山区[12-13]和喀斯特[14]

等地区。

由于 SWMM 在暴雨径流模拟和 LID 效果评估中应用良好,适用于不同类型的地区,因此本研究选择 SWMM 进行模拟。

5.2.2　子流域的划分

对子流域的划分应充分考虑高程、下垫面均匀性、就近流域等因素。首先,基于 DEM 将整个区域大致划分为 3 个大的子流域。其次,根据排水方向和边界进一步划分大的子流域,均通过 RSI(Relative Strength Index)进行识别。之后,根据 RSI 识别的下垫面类型、历史调查数据和相关研究[15],再将区域划分为小的子流域。最后,基于模拟精度与计算机运行时间的平衡,将整个建模区域划分为 72 个子流域,并建立汇流路径和汇流节点,如图 5-2 所示。

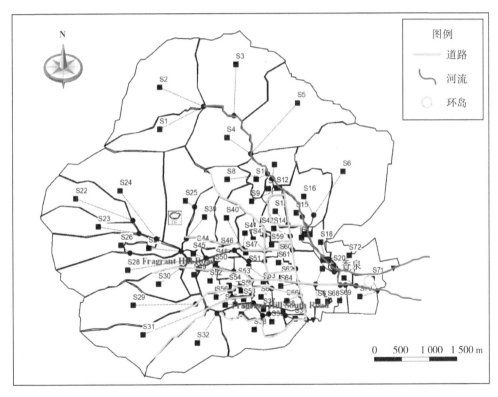

图 5-2　研究区子流域划分图

5.2.3　模型参数初始值的确定

敏感参数的初始值是模型模拟效果的重要影响因素。相关研究表明[16],SWMM 模型的敏感参数包括区域特征宽度(W)、不透水系数、曼宁系数(n)和洼蓄量(D)。

W 由子流域的形状和大小决定。由于本研究区域较大,地形和下垫面复杂,区域流长难以确定,以流长为基础的计算方法不合适。因此,可根据公式(5-1)计算 W , K 是计算 W 的关键,可根据测量的几何特征确定。根据香山子流域的形态最终确定 K 值为 0.9。子流域特征宽度的计算公式如式(5-1)所示。

$$W = K \sqrt{A} \qquad (0.2 < K < 5) \tag{5-1}$$

式中: W 为特征宽度,m; K 为形状修正系数; A 为子流域面积,km$^{2[17]}$ 。

不透水系数直接影响地表径流量。本研究根据 RSI 和调查结果计算各子流域的不透水面积后得到相应的不透水系数。

曼宁系数 n 和洼蓄量 D 受下垫面特征的影响,其初始值均为经验值。根据 SWMM 5.0 操作手册[17],由于道路被概化为渠道,研究区是灌木区,因此不透水区域(渠道)的初始 n 被设定为 0.017,透水区域的初始 n 被设定为 0.4。本研究根据 SWMM 操作手册和相关文献并结合区域特征,将不透水区和透水区的洼蓄量 D 分别设置为 2 mm 和 7 mm,具体见表 5-1。上述敏感参数可作为对 SWMM 模型模拟效果验证的优化参数。

表 5-1 敏感参数的初始值

子流域编号	不透水区 $n_{\text{不}}$	透水区 n	不透水区 $D_{\text{不}}$/mm	透水区 D/mm
S1—S72	0.017	0.4	2	7

SWMM 模型提供了三种入渗过程的计算方法,本研究选择 Horton 模型,计算公式如下:

$$f = f_c + (f_0 - f_c) e^{-kt} \tag{5-2}$$

式中: f 为入渗速率; f_c 为最大入渗速率; f_0 为初始入渗速率; k 为衰减系数。

尽管 f_c 和 f_0 与上述参数的敏感性相比较低,但在入渗计算中相当关键。本研究区的土壤主要由壤土和褐土组成,并且可根据相关研究得到该区域植物种类[15]。根据上述特性并结合 SWMM 操作手册对各子流域的 f_c 、 k 、 f_0 的初始值进行设置,具体数值见表 5-2。SWMM 模型中子流域面积、排水管道(渠道)特性、坡度等可根据 DEM、RSI 和调查数据计算获得。

表 5-2 入渗参数的初始值

子流域编号	f_c/(mm/h)	f_0/(mm/h)	k/(1/h)
S1—S6、S22—S26、S28—S30	73.2	6.6	4
S7—S9、S16—S17、S31—S33、S39—S42	96.6	6.6	4
S10—S11、S34—S38	123.0	6.6	4
S12—S15、S18—S21、S27、S43—S53、S58—S64、S68	120.0	6.6	4
S54	115.8	6.6	4
S55—S57	123.0	6.6	4
S65—S67、S69—S72	181.2	6.6	4

5.3　参数校验

由于研究区中缺少流量数据，因此根据每个 ISI 位置的模拟 MRD 值（简称 MRD_s）与 MRD_l 之间的一致性，对子流域模型进行校准和验证。选择相对误差绝对值（$|RE|$）作为评价一致性的指标，如公式(5-3)所示。再选择每个位置的模拟 PT 值（以下简称 PT_s）和 PT_l 之间的一致性作为模型校准和验证的参考。

$$|RE| = |(MRD_s - MRD_l)/MRD_l| \times 100\% \qquad (5-3)$$

选择"7·21"暴雨事件进行模型校准，其不同位置的模拟径流过程如图 5-3 所示。根据表 5-4 中各踏勘点位置 $|RE|$ 的最小值，最终选择各子流域的最优参数值，如表 5-3 所示。结果表明：多数位置的 MRD_s 与 MRD_l 相似，相关平均 $|RE|$ 仅为 7.94%，如表5-4 所示；每个 PT_s 与 PT_l 接近，如表 5-5 所示。

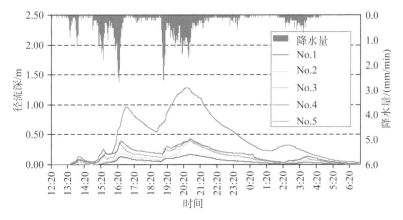

图 5-3　"7·21"暴雨事件下不同位置的模拟径流过程

表 5-3　参数校准结果

子流域编号	不透水区 $n_{\text{不}}$	透水区 n	不透水区 $D_{\text{不}}$ /mm	透水区 D /mm
S1,S4,S8—S9,S39—S40	0.017	0.80	2.3	6.8
S2—S3,S5—S6,S22—S26,S28—S33	0.017	0.80	2.3	7.6
S7,S10—S18,S38,S41—S43	0.017	0.40	2.3	6.8
S19—S21,S34—S37,S44—S72	0.013	0.24	2.3	6.8
S27	0.013	0.40	2.3	7.6

表 5-4　对比典型降雨过程的 MRD_s 与 MED_I 值

校准点	"7·21"			"7·20"			"9·07"		
	MRD_s /cm	MRD_I /cm	$\|RE\|$ /%	MRD_s /cm	MRD_I /cm	$\|RE\|$ /%	MRD_s /cm	MRD_I /cm	$\|RE\|$ /%
No. 1	14	13	7.7	22	20	10.0	3	3	0.0
No. 2	12	10	20.0	49	45	8.9	5	5	0.0
No. 3	40	38	5.3	32	35	8.6	5	5	0.0
No. 4	125	120	4.2	105	110	4.5	7	8	12.5
No. 5	41	40	2.5	61	65	6.2	7	7	0
平均值	—	—	7.94	—	—	7.64	—	—	2.5

注:校准点为本研究区对应的 ISI 位置。

再选择"7·20"和"9·07"暴雨事件进行模型验证,其模拟径流过程如图 5-4 至图 5-6 所示。从表 5-4 中可以看出 $\|RE\|$ 均不大于 10%,平均值分别为 7.64% 和 2.5%;从表 5-5 可以看出 PT_s 值均接近相应的 PT_I 值。

校准结果表明,模型模拟结果与调查数据符合国家标准[18]。该模型可用于不同重现期降雨条件下的洪水模拟。

表 5-5　对比典型降雨过程的 PT_I 与 PT_s 值

校准点	"7·21"		"7·20"		"9·07"	
	PT_s	PT_I	PT_s	PT_I	PT_s	PT_I
No. 1	20:42	20:30 后	10:34	约 10:30	22:20	约 22:30
No. 2	16:25	约 16:30	10:36	约 10:30	22:30	约 22:30
No. 3	20:38	约 20:30	11:18	11:00 后	22:30	约 22:30
No. 4	20:26	约 20:30	11:28	约 11:30	22:30	约 22:30
No. 5	20:43	20:30 后	10:36	约 10:30	22:40	22:30 后

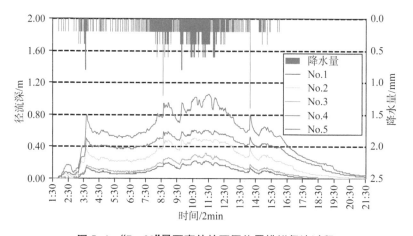

图 5-4　"7·20"暴雨事件的不同位置模拟径流过程

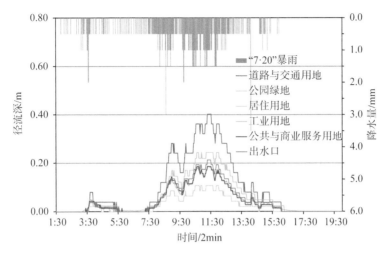

图 5-5　"7·20"暴雨精度验证阶段模拟水深过程线

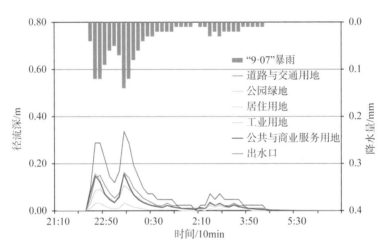

图 5-6　"9·07"暴雨精度验证阶段模拟水深过程线

5.4　浅山型城区应用案例研究结果分析

5.4.1　基本场景结果

模型模拟了"O_1"出口、S38 和 S69 不同重现期下的径流过程,径流深度和"O_1"出口的 MRD_s 见表 5-6。从表 5-6 可以看出,径流量随着重现期的增大而急剧增加:重现期为 1 年时径流深度仅约为 3 mm,而重现期为 10 年时径流深度超过了 80.0 mm。由图 5-7(d)可知,无 LID 措施的"O_1"出口的径流过程可以看出,径流量最初缓慢上升,16:30 后急剧上升,然后迅速下降。上述径流过程的趋势与降雨过程的趋势一致,且径流过程的 PT_s 均晚于降雨过程,符合地表径流与排水的规律。

基于上述结果对不同 LID 措施场景进行对比与评估,具体见表 5-6。

表 5-6 不同场景下的模拟径流值与 MRD_s

重现期/年	O_1 出口 MRD_s/m	径流深度/mm		
		O_1 出口	子流域 S38	子流域 S39
1	0.110	3.2	3.3	3.6
2	0.211	13.5	13.8	14.7
5	0.276	48.4	48.9	53.3
10	0.349	80.0	80.7	88.5

5.4.2 流量结果分析

通过计算分析不同 LID 措施下的径流减少率以评价其径流削减效果,具体数值见表 5-7。从表 5-7 中可以看出,单项措施中下沉式绿地的径流削减效果最佳,特别是在重现期小于 2 年的情况下。下沉式绿地在各种降雨过程的径流减少率为 5.2%~57.3%,重现期为 1 年和 2 年时减少率更高,为 20.5%~57.3%。特别是下沉式绿地面积占比为 50%时,重现期为 1 年时总径流量可减少 52.5%,该结果表明下沉式绿地具有良好的抗洪效果。然而在不同类型降雨中,下沉式绿地面积占比为 70%或 90%时,同一重现期的减少率与 50%相比略有增加,范围在 1.5%~5.0%内,因此下沉式绿地比例为 50%时对雨水截留效果较好,无须扩大该设施规模。

单项 LID 措施中植草沟效果最差,在"O_1"出口的径流减少率仅为 0.3%~3.0%。主要有两个原因:一是该山区内使用植草沟的范围较小,全区仅一条道路的五分之一采用该措施;二是山洪泛滥迅速。结果表明植草沟不适用于山区,可在平原地区使用以控制径流[19-21]。

从表 5-7 可以看出,当渗透铺装面积占比为 50%~70%时,子流域 S38 在重现期为 1 年时径流减少率为 7.3%~12.2%,重现期为 10 年时径流减少率为 1.9%~7.0%。该结果表明,70%渗透铺装应用于典型住宅区的道路时,其效果明显优于 50%渗透铺装。

从表 5-7 可以看出,生物滞留网格可以对子流域 S39 的总径流量削减 10.2%~12.1%。与其他 LID 措施相比,随着重现期的增加,径流减少率的变化趋势较为平缓,这表明该措施在各种降雨强度下对径流都有较好的削减效果。

LID 组合措施的径流减少率为 15.4%~57.3%,与其他单项措施相比可以得出:LID 组合措施径流减少率为最大值 57.3%时相当于重现期为 1 年时 90%下沉式绿地的最大值。因此综合利用各项 LID 措施,可以进一步提高不同降雨强度下的径流削减效果,但其效果不等同于单项 LID 措施的总和。造成该现象的一个原因可能是采用各种措施改变了研究区内部分地区的径流状态和径流过程,从而抵消了一部分整体效果。因此,LID 组合措施效果比各项措施的总效果差。

表 5-7　不同 LID 措施下的径流减少率

LID 措施	比例	径流减少率				备注
		1 年	2 年	5 年	10 年	
下沉式绿地	50%	52.5%	20.5%	8.5%	5.2%	下沉深度为 10 cm，"O$_1$"出口
	70%	56.2%	22.0%	11.1%	7.3%	
	90%	57.3%	23.4%	13.5%	8.2%	
渗透铺装	50%	7.3%	3.2%	2.2%	1.9%	子流域 S38
	60%	8.8%	3.8%	2.6%	2.4%	
	70%	12.2%	11.5%	7.8%	7.0%	
生物滞留网格	—	12.1%	11.8%	10.2%	10.7%	子流域 S39
植草沟	—	3.0%	1.1%	0.8%	0.3%	"O$_1$"出口
组合措施	—	57.3%	40.5%	20.2%	15.4%	"O$_1$"出口

综上所述，在重现期小于 5 年的降水事件中，上述 LID 措施在一定程度上都能减少径流量，但重现期大于 5 年时效果较差；下沉式绿地和 LID 组合措施效果较好，植草沟效果最差；渗透铺装对典型子流域的径流量具有一定的削减效果，生物滞留网络对典型子流域的各种降雨强度下的径流都具有较好的削减效果；但随着降雨强度的增加，各种 LID 措施场景下的径流削减效果均呈下降趋势。

5.4.3　洪峰流量结果分析

分别模拟 50% 下沉式绿地、植草沟、LID 组合措施下的"O$_1$"出口的径流过程并选取 MRD 的减少率作为评价指标。之后分别计算并分析上述三种 LID 措施减少峰值的效果，具体结果如表 5-8 所示。由于生物滞留网格和渗透铺装仅应用于典型子流域，因此可以忽略不计。

从图 5-7 和表 5-8 可以看出，在所有降雨事件中，LID 组合措施削减洪峰的效果最为显著。相比之下，植草沟效果最差；重现期小于 2 年时，下沉式绿地的效果更为显著；对于 1 年降雨事件，LID 组合措施与下沉式绿地的效果最为显著，峰值减少率分别为55.7% 和 53.9%。总体来看，植草沟效果较差，重现期为 5 年和 10 年时峰值减少率仅为 0.1%。

造成上述结果的原因主要有以下几个方面：一是植草沟的大小和数量限制影响了蓄水能力，导致研究区在削减峰值方面效果不明显；二是随着暴雨强度的增加，局部内涝与低洼地区间隔洪水的耦合反应更加突出。上述原因与径流总量减少的原因一致。

表 5-8　不同重现期下 MRD 减少率

LID 措施	百分比/%			
	1 年	2 年	5 年	10 年
下沉式绿地	53.9	17.2	16.7	9.3

续表

LID措施	百分比/%			
	1年	2年	5年	10年
植草沟	2.2	0.3	0.1	0.1
LID组合	55.7	20.9	20.0	11.1

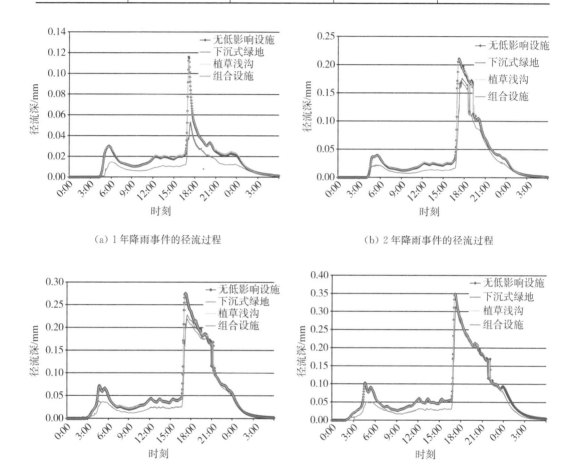

(a) 1年降雨事件的径流过程　　　　　　　　(b) 2年降雨事件的径流过程

(c) 5年降雨事件的径流过程　　　　　　　　(d) 10年降雨事件的径流过程

图 5-7　不同重现期下径流过程

5.4.4　交通拥堵情况结果分析

从图 5-5 可以看出,"O_1"出口所在位置的积水过程(紫色曲线)和道路与交通用地的积水过程(红色曲线)的起伏变化、峰值形状及峰现时间都高度相似,结合图 5-2 各节点位置,分析得出暴雨期间出口积水与香泉环岛的交通拥堵问题密切相关。因此,本小结重点关注流域积水对城市道路交通的影响。在市政道路排水设计中,考虑到车辆积水高度的限制,最终确定积水深度的临界值为 15 cm。再计算出不同 LID 措施场景和现状场景下"O_1"出口超过 15 cm 积水深度的时间以反映香泉环岛的交通状况,具体数值见表 5-9。从表 5-9 和图 5-6 可以看出:重现期为 1 年时各种场景因洪水造成交通拥堵发生的频率很小;随着重现期的增加,交通拥堵问题越来越严重。为便于评估和比较,可根据基本场景下的持续时间计算出不同 LID 措施场景下的时间缩短率,如表 5-10 所示。

表 5-9　不同场景下积水深度超过 15 cm 的时间

LID 措施	积水深度超过 15 cm 的时间/min			
	1 年	2 年	5 年	10 年
不添加 LID 措施	0	98	144	206
下沉式绿地	0	48	86	146
植草沟	0	96	142	206
LID 组合措施	0	30	66	136

表 5-10　不同场景下积水深度超过 15 cm 的时间缩短率

LID 措施	积水深度超过 15 cm 的时间缩短率/%		
	2 年	5 年	10 年
下沉式绿地	51.0	40.3	29.1
植草沟	2.04	1.39	0.0
LID 组合措施	69.4	54.2	34.0

从表 5-9 和表 5-10 可以看出:在所有降雨事件中,下沉式绿地和 LID 组合措施对缓解交通拥堵问题有效,时间缩短率最小值为 29.1%;重现期为 2 年时,两种情景的效果均显著,积水深度大于 15 cm 的两段时间分别为 48 min 和 30 min,均小于 1 h,时间缩短率分别为 51.0% 和 69.4%。上述数据所表示的结果与其他评价指标结果均一致。

但在所有降雨事件中,植草沟对缓解交通拥堵问题效果不大;重现期为 2 年时,其时间缩短最大值为 2 min,重现期为 10 年时无效。由于该措施在减少径流量和排水方面都无效,因此在缓解交通拥堵方面也无效。

表 5-9 和表 5-10 还表明:当降雨重现期增加时,缓解交通拥堵的效果逐渐变差。此外,LID 组合措施作为效果最佳的措施,随着重现期增加下降的幅度也最大,时间缩短率从 69.4% 下降到 34.0%。

然而,重现期为 5 年和 10 年时,积水深度超过 15 cm 的时间都在 1 h 以上。这表明即使采取 LID 措施,在这些降雨事件下香泉环岛也会出现交通拥堵。从表 5-9 可以看出,如果采用下沉式绿地,重现期为 5 年和 10 年时,积水深度超过 15 cm 的缩短时间约为 60 min。这表明尽管时间缩短率相对增大,但在这两次降雨事件下,交通拥堵问题仍很严重。

由于香泉环岛地处香山下游低洼地带,缺乏管道基础设施建设,当降水强度较大时,LID 措施效果不明显;并且 LID 措施也只能储存局部暴雨,而来自上游和间隔地区的洪水会导致交通枢纽发生严重内涝。因此,山洪的实质性防治措施应结合水利工程和排水管网,仅采取 LID 措施效果不明显。此结果可为地方政府提供更多的决策依据。

综上所述,仅采取 LID 措施还不能理想地解决山区洪涝和内涝问题。该分析结果与其他学者的相关研究一致。对于山区,在实施雨洪管理、洪水管理和海绵措施之前,需要根据区域特点和上述结果进行合理分析与决策。本研究中区域治涝的关键目标是保证香泉环岛交通枢纽的正常运行,缓解交通拥堵。因此,在制定海绵措施方案时,应首先考虑下游低洼地区排水管网的建设,尽量避免洪水倾泄街道的情况;如果资金充足,应在上游地区修建一些挡水设施如防洪渠道;同时,中游地区应扩大排水网,疏浚道路两侧的排水渠。只有控制整个过程的径流量,才能从根本上改善香泉环岛暴雨后频繁积水的困境。

此外,香山流域还应采取有效的非工程措施。根据不同暴雨情景下的水深模拟结果制定并公布区域内涝风险图,提高公众特别是低洼地区(也是高危地区)居民的风险规避意识。同时针对不同程度的积水风险制定相应的对策。虽然风险地图是静态的,但可以作为未来城市发展和建设的地方性法规和规划的重要参考。在此基础上,结合卫星动态降水预报和雷达动态降水预报,实现区域内涝实时预警。此外,香泉环岛作为重要的交通枢纽,应根据本研究提出的交通拥堵缓解措施,制定交通拥堵区域风险图和各种交通拥堵风险的相应对策,从而实现基于交通拥堵风险图和内涝风险动态预警的交通拥堵实时预警。如果交通拥堵风险很高,则提前通知相关居民。因此,居民可以优化交通路线,避免在高危区域行驶。对已进入高危区域的车辆和人员,按照已建立的疏散路线引导其至安全地点,以最大限度地减少财产损失,降低交通拥堵风险。

今后应在相关研究成果的基础上,开展不同 LID 措施的现场试验和效果分析,以便将模型仿真的效果与实际工程进行比较。相关结果将为后续决策提供更为重要的参考,进一步完善未来的暴雨洪水管理。此外,还应对 LID 措施的预期经济效益进行分析与讨论。今后可从上述两个方面进行研究,提出合理的 LID 措施建设规模,进而优化区域 SPC 方案。

由于研究区域缺乏径流观测数据,本研究采用了详细调查和访谈获得的数据和信息进行模型校准和验证。今后,应通过三角堰、水力螺旋桨和声学多普勒流速剖面仪(Acoustic Doppler Current Profiler, ADCP)对管道和渠道的水流进行观测和监测,以提高建模精度。

该项研究评估了 LID 措施减少径流量的效果,在今后的工作中,可对控制暴雨非点源污染的有效性进行分析和探讨。上述结论适用于半干旱气候区的山地城市单元,以后还应对湿润地区和干旱地区的城市单元的 LID 措施的可行性进行评价。

参考文献

[1] SHOEMAKER L, RIVERSON J, ALVI K, et al. SUSTAIN—A framework for placement of best management practices in urban watersheds to protect water quality[R]. Cincinnati: US Environmental Protection Agency (USEPA), Office of Research and Development National Risk Management Research Laboratory, Document No. EPA-600-R-09-095, 2009.

［ 2 ］DHI MPBY. MIKE powered by DHI[Z]. Retrieved from MIKE Powered by DHI,2018.

［ 3 ］MARSALEK J,DICK T M,WISNER P E,et al. Comparative evaluation of three urban runoff models[J]. Water Resources Bulletin,1975,11：306-328.

［ 4 ］DAERYONG P,SUKHWAN J,LARRY A,et al. Evaluation of multi-use stormwater detention basins for improved urban watershed management[J]. Hydrological Processes,2014,28:1104-1113.

［ 5 ］VILLARREAL E L,SEMADENI-DAVIES A,BENGTSSON L. Inner city stormwater control using a combination of best management practices[J]. Ecological Engineering,2004,22(4-5)：279-298.

［ 6 ］Prince George's County Department of Environmental Resources. Low-Impact Development Design Strategies：An integrated design approach［R］. Largo,MD,USA：Department of Environmental Resources Programs and Planning Division,1999.

［ 7 ］QIN H,LI Z,FU G. The effects of low impact development on urban flooding under different rainfall characteristics[J]. Journal of Environmental Management,2013,129:577-585.

［ 8 ］胡爱兵,任心欣,裴古中. 采用 SWMM 模拟 LID 市政道路的雨洪控制效果[J]. 中国给水排水,2015,31(23):130-133.

［ 9 ］JIA H,LU Y,SHAW L Y,et al. Planning of LID-BMPs for urban runoff control：The case of Beijing Olympic Village[J]. Separation and Purification Technology,2012,84:112-119.

［10］李家科,李亚,沈冰,等. 基于 SWMM 模型的城市雨水花园调控措施的效果模拟[J]. 水力发电学报,2014,33(4):60-67.

［11］王文亮,李俊奇,宫永伟,等. 基于 SWMM 模型的低影响开发雨洪控制效果模拟[J]. 中国给水排水,2012,28(21):42-44.

［12］宋翠萍. 城市低洼区雨洪管理措施数值模拟研究[D]. 南京:河海大学,2014.

［13］张海行. 海绵城市低影响开发典型山城径流效应研究[D]. 邯郸:河北工程大学,2016.

［14］章程,蒋勇军,袁道先,等. 利用 SWMM 模型模拟岩溶峰丛洼地系统降雨径流过程——以桂林丫吉试验场为例[J]. 水文地质工程地质,2007(3):10-14.

［15］史宇. 北京山区主要优势树种森林生态系统生态水文过程分析[D]. 北京:北京林业大学,2011.

［16］ZAGHLOUL N A. Sensitivity analysis of the SWMM runoff-transport parameters and the effects of catchment discretization［J］. Advances in Water Resources,1983,6(4):214-223.

［17］ROSSMAN L A. Storm water management model user's manual Version 5.0［M］. Cincinnati：U.S. Environmental Protection Agency,2010.

［18］中华人民共和国国家质量监督检验检疫总局,中国国家标准化管理委员会. 水文情报预报规范：GB/T 22482—2008[S]. 北京:中国标准化出版社,2008:5.

［19］赵冬泉,王浩正,陈吉宁,等. 城市暴雨径流模拟的参数不确定性研究[J]. 水科学进展,2009,20(1):45-51.

［20］王雯雯. 基于 SWMM 的低冲击开发模式水文效应模拟评估[D]. 北京:北京大学,2011.

［21］孙静. 德国汉诺威康斯柏格城区一期工程雨洪利用与生态设计[J]. 城市环境设计,2007(3):93-96.

［22］TSANG J C. Connection of the LID and urban waterlogging prevention-Taiwan in subtropical rainy area as an example[R]. 长春:第 14 届中国水论坛,2016.

第6章

半山型城区应用案例研究——临城县城

6.1 临城地区概况

6.1.1 地理位置

临城县位于河北省西南部,隶属邢台市,北迎京津,南接邯郑,东隔衡水、沧州与山东相望,西连太行山与山西接壤。县境东和东南与柏乡、隆尧两县交界,南与内丘县为邻,北、西北与石家庄高邑、赞皇县接壤。全县东西长 49.5 km,南北宽 26 km,县城南距邢台市 42 km,北距石家庄市 66 km。全县总面积 797 km²,其中县政府驻地临城镇镇域面积 63.88 km²。

研究区域位于临城县城中心城区,占地面积为 9.94 km²,区域无上游来水。研究区主要分为西部、中部和东部城区三部分,且各自拥有一套独立的排水管网系统,并通过相应雨水排放口就近排入河道。西部城区为临城县中心城区、老城区,其基础排水设施陈旧,排水管网较为复杂,雨水排放口位于区域西南角,排水入泜河;中部城区为新型居民住宅区,依山丘而建,山地走势明显,雨水排放口位于区域西北角,排水入小槐河;东部城区为正在开发建设中的教育用地和工业园区,绿地面积比较大,道路两侧为田地和沟壑,雨水排放口位于区域东北角,排水入小槐河。根据下垫面资料,研究区内主要用地类型如图 6-1 所示。

6.1.2 地形地貌概况

临城县地处太行山东麓,在地貌上总体呈西高东低的阶梯状,西部为海拔 500～1 510 m 的群山,中部是海拔 100～500 m 的丘陵,东部为海拔 37～100 m 的平原,分别占 35%、50% 和 15%。境内中山地貌海拔在 1 000～1 510 m,主要分布在县境的西部边沿,代表山峰有拳峪垴海拔 1 151.9 m、三峰山西海拔 1 510.0 m、全树垴海拔 1 124.0 m、七家庄东南海拔 1 203.0 m、长家庄西海拔 1 248.0 m 等;低山地貌分布较广,海拔在 500～

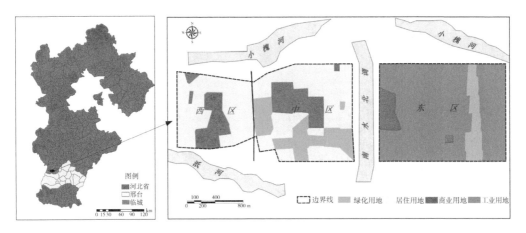

图 6-1　研究区域地理位置及用地类型

1 000 m,主要分布在县境的西部,由片麻岩、角闪片岩组成。低山区的东部为丘陵区,除土丘垄岗外大部分为农业利用的土地;县域东北部为平原,地势较平坦。研究区域坡度及高程如图 6-2 和图 6-3 所示。

6.1.3　水文气象概况

临城县属于北半球暖温带半干旱大陆性季风气候,四季分明。极端最高气温东部为 41.8 ℃,中部为 41.6 ℃,西部为 40.0 ℃。极端最低月气温在 1 月份,为 −23.0 ℃。无霜期东部为 190 天,中部为 202 天,西部为 173 天。年蒸发量东部为 1 928.0 mm,中部为

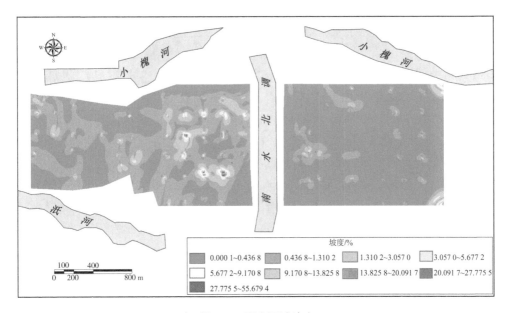

图 6-2　研究区域坡度

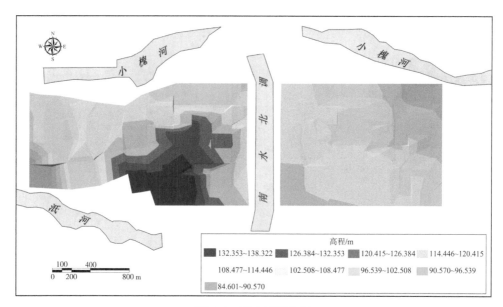

图 6-3　研究区域高程

2 119.0 mm,西部为 1 708.0 mm。降雨多分布在 7—9 月,年平均降水量为 600.2 mm,最大年降水量为 1 320.0 mm(1963 年),最小年降水量为 284.0 mm(1974 年)。

临城县河流属于海河流域子牙河水系。县境内主要有泜河、午河和小槐河三条河流,主河流长 138.68 km,均属子牙河水系的滏阳河上游支流,多为时令河,平时基流很少或干涸。

(1) 泜河:该河自西向东纵贯全县,在县境内主要河道总长 94.6 km,流域面积为 506.2 km²。泜河上游有三条支流:北支发源于临城县赵庄乡魏家庄,长 33.5 km,流域面积为 190 km²;南支发源于内丘县獐獏乡,自临城县东山底村入临城县境内,河长 38.9 km,其中境内河长 30.5 km,南支流域面积为 194 km²,其中县内流域面积为 132 km²;第三支流发源于内丘县南赛乡,自临城县魏家辉村入临城县境内,河长 15.0 km,其中境内河长 9.0 km,流域面积为 46 km²,其中县内流域面积为 25.5 km²,流入乱木水库。三条支流于西竖镇西柏畅村东汇合,汇流后流经 17.5 km 至冯村出境流入隆尧县境内,泜河临城水库以下河段流域面积为 158.7 km²。

(2) 午河:位于临城县东北部,发源于临城县黑城乡董家庄,经鸭鸽营乡东辛安村流入高邑县,在临城县境内长 30.25 km,流域面积为 148.12 km²。

(3) 小槐河:发源于临城县乔家庄,于东镇出境流入柏乡县汇入午河,在临城县境内长 13.8 km,流域面积为 78 km²。

6.2　模型构建与参数率定

6.2.1　SWMM 模型构建与参数率定

1. SWMM 模型构建

SWMM 基于质量、能量及动量守恒方程来模拟地表产汇流、下渗、流量演算及地表积水等物理过程。其中,地表产汇流过程采用非线性水库法,下渗过程计算方法包含霍顿法、Green-Ampt 及曲线数法(SCS 曲线),流量演算包括恒定流、运动波及动力波三种方法,针对流量演算方法选取的不同,其相应计算地表积水的方法也不同,此外,SWMM 还可以模拟水质、融雪及蒸发等其他物理过程[1]。而且,该模型还是设计及优化 LID 措施的重要工具,在众多模型中,SWMM 模拟 LID 措施的代表性较强[1],且在城市暴雨洪水预测、排水管网系统设计及内涝风险评估等方面都得到了较好的应用[2-4],近年来对 SWMM 与 GIS 进行耦合应用的研究也取得了一定的成果[5-6]。

将 SWMM 与 ArcGIS 工具结合,对研究区进行概化。其中,研究区模型构建过程所使用的高程、土地利用、排水管网及降雨等资料均由北方工程设计研究院有限公司提供。由于前人针对城市区域的 SWMM 模型进行研究时,入渗过程计算多采用 Horton 法[7],故本研究选取该种方法。而流量演算选取动力波法,相较于其他两种方法,该方法通过对完整的一维圣维南方程组进行求解,可以有效解决水流在封闭管段中的复杂运动问题,无论是在上、下游管段连接处,还是在有回水、逆流的管段之间,均能实现较合理的流量演算。

将所收集的管网数据在 AutoCAD 中进行预处理,转为 ArcGIS 可识别的文件格式,并将排水管网中的雨水井属性、管段属性及分布位置导入 ArcGIS 中,其中雨水井概化为节点,管道概化为线,利用 ArcGIS 的泰森多边形法,以每个节点为中心自动绘制泰森多边形区域,再根据研究区边界条件、实际建筑物分布情况、坡度及坡向进行人工局部调整,将调整完成的区域作为子汇水区,同时导出各子汇水区的出水口。最终,区域概化为 120 个子汇水区、118 个雨水井、120 条管段及 3 个排放口。利用 ArcGIS 的空间数据处理功能快速提取雨水井高程、管段长度、子汇水区面积、宽度等属性数据,利用栅格数据统计分析功能计算各子汇水区的平均坡度,根据《临城县城控制性规划》设置不透水百分比,最后利用 inp. PINS 软件将概化完成的模型自动导入 SWMM 中,结果如图 6-4 所示。

2. SWMM 模型率定及验证

选取 2016 年 7 月 19 日("7·19")及 2017 年 5 月 22 日("5·22")两场实测降雨径流过程(图 6-5)对模型进行参数率定及验证。其中,"7·19"暴雨为研究区自"96·8"(1996 年 8 月)后遭遇的最大洪水,总降雨量高达 220 mm,峰值发生在 9:50,为 4.8 mm,该场暴雨造成多处严重积水,受灾严重,属研究区典型大暴雨,用作参数率定。而"5·22"降雨总量为 37.4 mm,峰值为 2.4 mm,属典型中雨,选作模型验证之用。

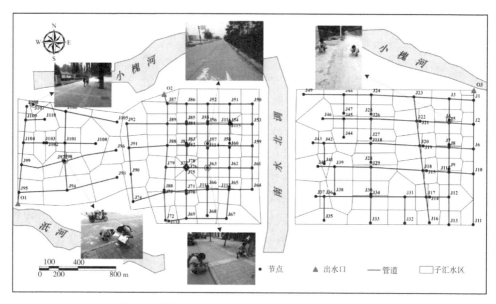

图 6-4　管网和区域数字化及验证点测量位置示意图

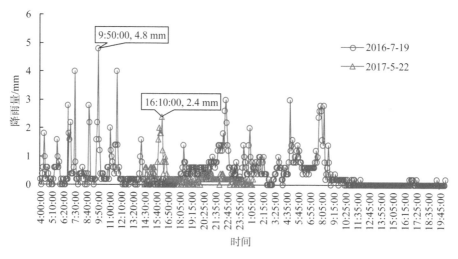

图 6-5　"7·19"和"5·22"实测降雨过程

　　采用概化完成的区域 SWMM 模拟上述两场降雨径流过程,可得出典型节点最大积水深模拟值,通过与实测值对比,以相对误差作为校验因子,进行模型参数率定及验证,其中模型率定参数的初始值通过 SWMM 用户手册及相关文献[7-8]进行预设。两场实测降雨所对应的最大积水深实测值通过调研测量历史洪痕得到,并通过走访询问当地居民,确定所测数据的准确性,现场调研位置如图 6-1 所示,实测值及误差计算结果见表 6-1 所示。可见,模拟值与实测值较为接近,相对误差较小,说明率定完成的参数(结果见表 6-2)较为适宜,构建完成的模型与实际情况较为符合,可反映研究区的产汇流过程,可用于区域降雨径流过程模拟研究。

表 6-1　模型率定及验证过程

"7·19"降雨过程				"5·22"降雨过程			
节点	实测值/cm	模拟值/cm	误差/%	节点	实测值/cm	模拟值/cm	误差/%
J4	10	11.01	10.1	J4	8.5	7.70	−9.4
J63	13	13.11	0.8	J63	7.0	7.48	6.9
J57	9	9.53	5.9	J57	8.0	7.98	−0.3
J98	16	17.04	6.5	J98	6.0	5.59	−6.8
J107	10	10.73	7.3	J107	4.0	4.43	10.8

表 6-2　研究区模型参数率定结果

参数	种类	初设值	率定值
洼地蓄水量/mm	透水区	3	4.5
	不透水区	0.05	2.5
曼宁系数	透水区	0.240	0.800
	不透水区	0.011	0.015
	管道	0.013	0.013
Horton 入渗参数	最大入渗率/(mm/h)	10	75.6
	最小入渗率/(mm/h)	2	10.5
	衰减系数/(1/h)	5	7.4

6.2.2　MIKE 模型构建与参数率定

1. MIKE 模型构建

采用 MIKE 系列中的 MIKE Urban 构建研究区一维城市排水管网模型,采用 MIKE 21 建立区域二维地表漫流模型,最后通过 MIKE Flood 平台进行一、二维模型耦合,进而模拟区域内涝情况。一维 MIKE Urban 模型和二维 MIKE 21 模型构建需要的数据及其用途如表 6-3 所示。

表 6-3　模型资料收集及其用途

类别	数据名称	详细内容	用途
基础资料	数字高程数据(DEM)	地表高程信息	用于区域地形参考、划分汇水区、提取坡度等
	现状及规划下垫面数据	土地利用状况(建筑物、住宅、绿地、道路等)	分析汇水区不透水比例、洼地蓄积量等参数
	排水管网数据	节点(检查井、雨水口、排放口、泵站)、管线(排水管、排水渠等)	用以构建管网拓扑关系,建立排水过程的产汇流模型
气象资料	降雨数据	降雨强度、降雨历时、降雨量	用于确定模型的降雨过程曲线
实测资料	降雨径流积水数据	积水深、积水范围等	用于模型参数的率定和验证

（1）区域一维排水管网模型构建

MIKE Urban 由 DHI Water Environment Health 开发，主要应用于城市集水区和排水管网的地表径流、管流水质和泥沙传输模拟，可以反映任何类型的自由水流和管道压力流的交互变化。MIKE Urban 模型主要有降雨径流模块和管网汇流模块，分别用于构建降雨径流模型和管流模型，前者可模拟城市地表产汇流过程，后者主要模拟管道中压力流的变化情况。模型具体构建过程如下：

①排水管网系统概化与汇水区划分

首先，将用 ArcGIS 处理好的节点、管道数据导入 MIKE Urban 模型中，依据相关规范将导入的节点和管道数据进行适当简化，并使用项目检查工具对节点与管道间的管网拓扑进行检查[9]，对直径、地面标高、管底标高缺失的节点和管道进行赋值，建立基础链接关系。

随后，对研究区域子汇水区进行划分。在 MIKE Urban 模型中，通过汇水区自动划分工具进行子汇水区的划分，子汇水区以概化的检查井为中心，按照泰森多边形原则就近连接管网检查井。至此，研究区排水管网系统概化初步完成，最终概化 118 个雨水井节点（即检查井），3 个排水口，120 条管道，共划分 120 个子汇水区。研究区排水管网系统概化结果如图6-6、表6-4 所示。

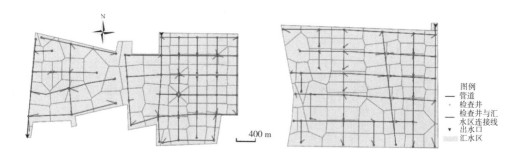

图6-6　研究区排水管网概化结果

表6-4　研究区概化结果统计

概化因素	数值/范围
子汇水区数量/个	120
检查井数量/个	118
排水口/个	3
管段数量/条	120
管道尺寸范围/mm	600～2 400

②子汇水区参数设置

子汇水区参数将直接影响 MIKE Urban 模型中降雨径流模拟的结果，模型子汇水区需要设置的参数主要有水文衰减系数、地表雨水汇流速度、降雨初损以及汇水区不透水百分比等。

众所周知,不同土地利用类型的不透水百分比大不相同,例如硬化地面的不透水百分比高于自然条件下地面的不透水百分比。根据下垫面资料将研究区分为建筑用地、道路用地、绿地和其他用地四种类型,将这四种下垫面图层加载到模型中,根据《DHI 防洪排涝综合模拟软件培训教程——城市雨洪专题》,本书汇水区参数不透水百分比根据图层类型设置,绿地不透水百分比设置为 20%,建筑物不透水百分比设置为 95%,道路不透水百分比设置为 85%,其他汇水区地面认为是砖铺地面,其不透水百分比设置为60%。此外,地表雨水汇流速度设置为 0.3 m/s,水文衰减系数设置为 0.9,降雨初损设置为 0.000 6 m。

（2）区域二维地表漫流模型构建

①地形基础文件创建与叠加

MIKE 21 在平面二维地表漫流数值模拟方面具有强大的功能。前期已将收集的数字高程数据(DEM)栅格文件通过 ArcGIS 中的 Raster to ASCII 工具处理为 MIKE Zero 软件可辨别的文件,并通过该软件中 Grd2Mike 工具将其转化为.dfs2 格式用于构建 MIKE 21 模型中的基础地形文件。用同样的方法得到城市建筑文件和道路文件,将其加载到研究区域文件中。为在 MIKE 21 模型中使道路作为地表雨水漫流的行泄通道,在研究区基础地形文件的基础上,将城市建筑文件区域加高 5 m,道路文件区域降低 0.15 m。

②边界条件及模型参数设置

首先,为防止暴雨情景下洪水运移超出研究区边界,将研究区以外的区域设置为封闭区域,其方法为在研究区内最大地表高程的基础上增加 10 m 作为边界高程,形成闭边界,因此认为暴雨情景下地表洪水只在区域内移动[10]。将设置好闭边界的地形文件加载到 MIKE 21 模块中,设置模拟时间及步长,一般设置为与 MIKE Urban 中模拟时间及步长相同。其次,设置地表漫流模型基本参数:干燥和洪水深度分别为 2 mm 和 3 mm,表示地表积水小于 2 mm 时模型不计算,当地表积水超过 3 mm 时,模型才开始运行计算。最后设置模型水动力学参数:初始水位恒定为 0 m,糙率曼宁值为 1/32。二维漫流模型构建结果如图 6-7 所示,该模型计算网格为 5 m。

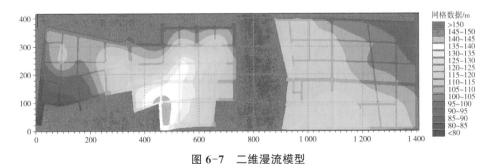

图 6-7　二维漫流模型

（3）一、二维耦合模型构建

MIKE Flood 是一个动态耦合的模型系统,它可将一维模型 MIKE 11 或 MIKE

Urban 与二维模型 MIKE 21 进行耦合,能对各种尺度的洪水问题进行模拟。一、二维模型耦合后的 MIKE FLOOD 模型不仅能模拟排水系统运行情况和地表漫流情况,还能全面地模拟溢流节点与地表漫流之间的交互关系,可以避免在单独使用 MIKE Urban、MIKE 11 或 MIKE 21 模拟时存在的模型分辨率和模型准确率的限制问题[11]。

MIKE FLOOD 模型中有六种不同的方式来耦合不同的模型,其中有四种连接方式(标准连接、侧向连接、结构物连接和零流动连接)是关于 MIKE 11 和 MIKE 21 耦合的,有一种连接方式(人孔连接)用于 MIKE Urban 和 MIKE 21 耦合,最后一种河道排水管网连接方式被设计成上述三种模型,当然也可以只用来连接 MIKE 11 和 MIKE Urban。

本研究以 MIKE FLOOD 为平台,在 MIKE FLOOD Linkage Files 页面选择复选框加载 MIKE Urban 模型和 MIKE 21 模型,通过人孔连接方式将 MIKE Urban 模型和 MIKE 21 模型进行耦合,主要是通过排水管网的检查井和排水出口将二者连接在一起。最终构建的 MIKE FLOOD 耦合模型如图 6-8 所示。

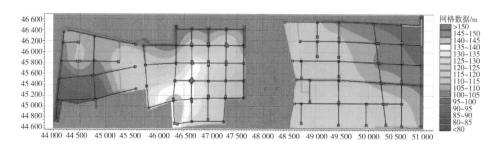

图 6-8 研究区 MIKE FLOOD 耦合水动力模型

2. MIKE 模型率定及验证

(1) 模型参数率定

通过模型模拟典型降雨径流过程下的区域典型点位地表积水情况,将其与收集的该场典型降雨的实测积水数据进行对比,通过反复调整模型参数,使模拟值与实测值的误差在一定范围内(−20%～10%)[12],则认为模型率定成功。误差越小,说明实测值与模拟值的一致性越好,在不同设计降雨情景下模拟区域地表径流结果才越可靠。根据 Mike 模型参数敏感性分析的相关研究成果[13],选择降雨初损、水文衰减系数、地面径流平均流速及管道曼宁数作为率定参数,具体参数取值范围及率定取值见表 6-5。

表 6-5 模型参数率定

参数	取值范围	率定取值
降雨初损/mm	0.5～1.5	1.2
水文衰减系数	0.6～0.9	0.9
地面径流平均流速 v/(m/s)	0.25～0.3	0.3

参数	取值范围	率定取值
管道曼宁系数($M=1/n$)	$M=5\sim75(\text{m}^{1/3}/\text{s})$或 $n=0.009\sim0.017$	75 或 0.013

经过多次踏勘和调研,并参考管网径流实际流向,确定了研究区 5 处典型积水点位,收集区域实测典型点位降雨径流积水深资料。选取"7·19"和"5·22"两场典型降雨径流过程对上述模型参数进行率定。

"7·19"典型降雨 5 处典型点位积水深实测值与模拟值的相对误差分别为 2.1%、－2.9%、5.2%、－3.7%和 5.0%,相对误差在允许范围内,模拟结果与实际测量结果较为接近,模型参数设置合适。

"5·22"典型降雨率定结果显示,5 处典型点位模拟值与实测值的误差为 1.9%～6.7%,整体误差较小,模型参数率定结果较为准确,率定通过。

(2)模型参数验证

为提高模型的可靠性,在模型参数率定的基础上,对模型参数进行验证,仍采用将降雨径流积水深的模拟值与实测值进行对比的方法,若误差在允许范围内,则说明该模型参数取值较为合适,能较好反映区域实际情况。

采用"8·12"和"8·04"两场典型降雨径流对模型参数的取值进行验证。将两场降雨数据分别导入耦合模型,通过模型模拟得到上述 5 处典型点降雨径流积水深模拟值,将其与实测降雨径流积水深进行比较。对于 2018 年"8·12"和 2019 年"8·04"两场典型降雨,5 处典型点位的降雨径流积水深实测值与模拟值的相对误差均在误差允许范围内(－20%～10%)。因此认为模型参数选取合适,模拟结果准确可靠,该模型能准确客观地反映区域实际情况,能较好地模拟区域在不同降雨条件下的降雨径流过程,能为区域内涝分析和风险评估提供有效技术支撑。

6.3　低影响开发措施雨洪调控效果分析

6.3.1　出水口流量过程分析对比

不同重现期降雨以及有无 LID 措施等各种情景下的出水口 O_1、O_2、O_3 流量过程模拟结果如图 6-9 所示。具体将从各出水口在不同重现期降雨下的出流起涨、洪峰以及消退三个方面,来对比分析 LID 措施布设前后,区域产汇流响应的差异性,进而评估 LID 措施的实施效果。

LID 措施实施前后,所有降雨重现期情景下,各出水口的出流起涨时间都明显滞后,其具体差异如表 6-6 所示。随着重现期的增大,O_1、O_3 滞后时间呈现先增大后减小的趋势,而 O_2 逐渐减小。究其原因是 O_1 及 O_3 所控制的汇水区坡度平缓,产流方式可能为

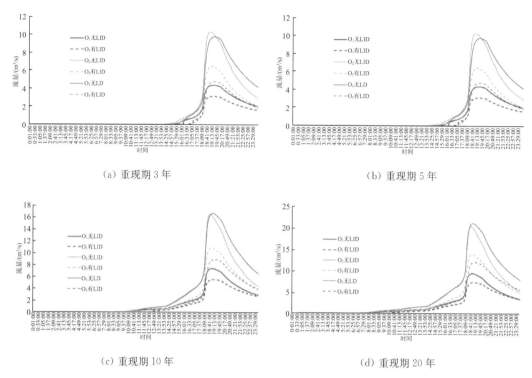

图 6-9 不同重现期降雨下出水口 O_1、O_2、O_3 的流量过程线

蓄满产流,雨强较小时 LID 措施蓄水容量无法饱和,滞后时间随重现期呈现增大的趋势,分别从 3 年一遇的 55 min、88 min 增大到 10 年一遇的 84 min 和 5 年一遇的 129 min,当雨强增大到一定程度之后,蓄水容量迅速饱和,滞后时间又呈现减小的趋势,分别减小到 20 年一遇的 82 min、104 min;O_2 所控制的汇水区地势较陡,LID 措施的蓄水容量较难饱和,其对降雨的调蓄作用较弱,易发生坡面径流,随着雨强增大滞后时间逐渐减小,从 3 年一遇的 43 min 减小到 20 年一遇的 32 min。

表 6-6 LID 措施实施前后不同重现期降雨下各出水口出流起涨时间对比

出水口	重现期											
	3 年			5 年			10 年			20 年		
	无 LID	有 LID	差值 /min	无 LID	有 LID	差值 /min	无 LID	有 LID	差值 /min	无 LID	有 LID	差值 /min
O_1	16:10: 00	17:05: 00	55	14:01: 00	15:18: 00	77	11:13: 00	12:37: 00	84	9:07: 00	10:29: 00	82
O_2	13:56: 00	14:39: 00	43	11:11: 00	11:54: 00	43	8:33: 00	9:11: 00	38	6:53: 00	7:25: 00	32
O_3	15:00: 00	16:28: 00	88	12:18: 00	14:27: 00	129	9:34: 00	11:37: 00	123	7:45: 00	9:29: 00	104

随着时间推移,LID 措施实施之前,所有出水口流量过程线的洪峰尖且陡,而措施实施之后相对平缓,主要是由于 LID 措施的调蓄作用增加了下垫面应对洪峰的反应时间,特别地,措施实施之后,O_2 的出流过程线较其他出水口来说最陡,说明坡度大的地区,LID 措施的调蓄作用较弱。

当出流开始消退时,LID 措施实施前后所有出水口的两条流量过程线逐渐重合,且随着重现期的增大,该趋势更加明显,特别地,10 年一遇、20 年一遇的 O_1 及 O_2 两条流量过程线在 23:20:00 左右已基本重合。原因为 LID 技术为场内源头小型控制措施,通过在源头增加雨水入渗及滞蓄,在一定程度上可减缓过程径流,但随着降雨时间推移,当达到 LID 措施入渗能力及蓄水容量时,其对雨水的控制能力逐渐减弱甚至消失,故而两条过程线逐渐重合。

6.3.2　典型洪水特征参数对比分析

对 LID 措施实施前后各出水口的出水总量削减率、洪峰流量削减率及峰现滞后时间进行推求,结果如表 6-7 及图 6-10 所示。

表 6-7　不同重现期下各出水口的出水总量、洪峰流量削减率及峰现滞后时间

重现期	出水口	出水总量			洪峰流量			峰现时间		
		无 LID /m³	有 LID /m³	削减率 /%	无 LID /(m³/s)	有 LID /(m³/s)	削减率 /%	无 LID	有 LID	滞后 /min
3 年	O_1	1 240.23	883.54	28.76	4.393 6	3.141 6	28.5	19:19:00	19:20:00	1
	O_2	2 475.061	1 588.845	35.81	10.344	6.482 2	37.3	19:00:00	19:05:00	5
	O_3	2 629.489	1 209.917	53.99	9.805 5	4.799 3	51.1	19:27:00	19:29:00	2
5 年	O_1	1 637.910	1 199.530	26.77	5.528	4.003 7	27.6	19:11:00	19:20:00	9
	O_2	3 230.336	2 158.414	33.18	12.799	8.154 9	36.3	18:56:00	19:06:00	10
	O_3	3 524.580	1 704.192	51.65	12.579	6.265 1	50.2	19:15:00	19:24:00	9
10 年	O_1	2 274.579	1 753.891	22.89	7.406	5.552	25.0	19:02:00	19:12:00	10
	O_2	4 422.818	3 091.301	30.11	16.601	10.906	34.3	18:50:00	19:00:00	10
	O_3	4 937.661	2 612.141	47.10	16.766	8.947 6	46.6	19:06:00	19:17:00	11
20 年	O_1	2 972.663	2 383.749	19.81	9.403 9	7.311 4	22.3	18:58:00	19:06:00	8
	O_2	5 725.151	4 133.163	27.81	20.487	13.865	32.3	18:47:00	18:56:00	9
	O_3	6 487.655	3 715.774	42.73	21.221	12.058	43.2	19:00:00	19:13:00	13

由表 6-7 及图 6-10 可以发现,在同一重现期降雨情景下,不同出水口的出水总量及洪峰流量削减率大小均为 $O_3>O_2>O_1$,这与西区、中区及东区 LID 措施的实施面积比例有关,LID 实施面积越大,其控制雨洪的能力越高,但须综合考虑区域实际情况及经济性。其中,东区 LID 实施面积比例为 35.82%,中区为 33.58%,两者出水总量最大削减率相差 18.47%,洪峰流量最大削减率相差 13.9%,在两区 LID 面积实施比例相差不大

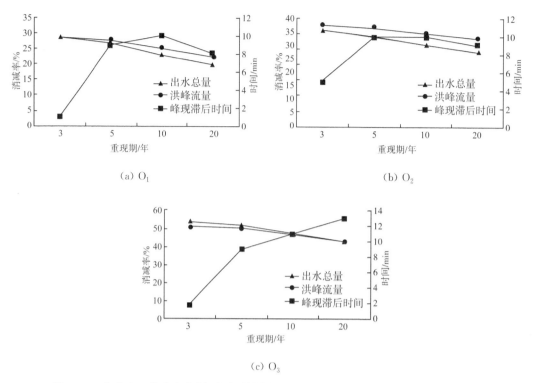

图 6-10 各出水口的出水总量、洪峰流量削减率及峰现滞后时间随重现期的变化趋势

的情况下，削减率出现了相差较大的现象，主要原因是两区的下垫面坡度大小不同，中区坡度较大，东区坡度较小，当坡度较大时，LID 措施的蓄水容量较难饱和，相应地削减洪水的能力也较弱。

由表 6-7 及图 6-10 可以发现，对于同一出水口来说，出水总量削减率及洪峰流量削减率均随重现期的增大而降低，O_1 出水总量削减率从 28.76％减小到 19.81％，O_2 从 35.81％减小到 27.81％，O_3 从 53.99％减小到 42.73％，O_1 洪峰流量削减率从 28.5％减小到 22.3％，O_2 从 37.3％减小到 32.3％，O_3 从 51.1％减小到 43.2％。当降雨重现期较小时，出水总量削减率均高于洪峰流量削减率，随着重现期增大，洪峰流量削减率高于出水总量削减率。这说明在重现期较小时 LID 措施控制洪水总量的能力优于控制洪峰的能力，而重现期较大时，控制洪峰的能力反超，这与向晨瑶等[14]利用 LID 技术在平原城市的相关研究结论正好相反，可见 LID 措施在山地城市控制洪水总量的能力对降雨事件的重现期比较敏感，随着降雨强度的增大，减量能力快速减弱，究其原因为山地城市坡度较大，当降雨量较小时，LID 措施蓄水容量在未饱和情况下即可产生径流，随着降雨量增大，LID 措施还留有一部分蓄水容量可以用来应对峰值，因此，削峰能力虽逐渐减弱，但效果逐渐高于减量效果。

由表 6-7 和图 6-10 可以发现，O_1、O_2 及 O_3 的峰现滞后时间，并无明显规律，综合来看 LID 技术在山城地区的滞峰效果一般，峰现滞后时间的最大值仅为 13 min，主要因为山地城市坡度较大,地形较陡,雨水较易流失形成径流。

6.4　半山型城区应用案例研究结果分析

(1) LID 措施的实施改变了研究区的径流过程,出水口流量过程线整体上较为平坦化。起涨时间明显滞后,最大值为 O_3 在 5 年一遇设计降雨条件下,滞后时间达到 129 min,洪峰较为平缓,但均受坡度的影响,坡度越大,两者效果越差,控制汇水区坡度较大的 O_2,最大起涨滞后时间仅为 43 min,洪峰比较尖锐;而出流过程线的消退过程,随着时间的推移逐渐与措施实施之前重合,且重现期越大,该趋势越明显。

(2) 出水总量削减率及洪峰流量削减率均随重现期的增大而降低,且 LID 措施控制洪水总量的敏感性优于洪峰。重现期从 3 年增加到 20 年,O_1、O_2、O_3 的出水总量削减率分别从 28.76%、35.81%、53.99%降至 19.81%、27.81%、42.73%,分别减少了 8.95%、8.00%、11.26%,而洪峰流量削减率分别减少了 6.2%、5.0%、7.9%。

(3) 在半山区丘陵地带,LID 措施对出水总量及洪峰流量的削减效果不仅与布设面积的大小有关,还与区域的坡度有关,区域坡度越小,对洪水的控制效果越明显,特别地,O_3 与 O_2 出水总量最大削减率相差 18.47%,洪峰流量最大削减率相差 13.9%。但对于峰现滞后效应来说,LID 技术在半山区的效果并不明显,最大滞后时间仅为 13 min。

参考文献

[1] 梅超,刘家宏,王浩,等.SWMM 原理解析与应用展望[J].水利水电技术,2017,48(5):33-42.

[2] 王芮,李智,刘玉菲,等.基于 SWMM 的城市排水系统改造优化研究[J].水利水电技术,2018,49(1):60-69.

[3] 周倩倩,张茜,李阿婷,等.非平稳条件下基于贝叶斯网络的内涝风险评估和管理方法[J].水电能源科学,2018,36(10):80-83.

[4] 梁汝豪,兰甜,林凯荣,等.基于 SWMM 的城市雨洪径流模拟研究——以广州市猎德涌流域为例[J].人民珠江,2018,39(6):1-5,15.

[5] 刘德儿,袁显贵,兰小机,等.SWMM 模型与 GIS 组件的无缝耦合及应用[J].中国给水排水,2016,32(1):106-111.

[6] 周玉文,杨伟明,王正吉,等.基于 CAD 图纸信息自动构建 SWMM 水力模型方法研究[J].给水排水,2016,52(3):125-129.

[7] 杨钢,徐宗学,赵刚,等.基于 SWMM 模型的北京大红门排水区雨洪模拟及 LID 效果评价[J].北京师范大学学报(自然科学版),2018,54(5):628-634.

[8] 章双双,潘杨,李一平,等.基于 SWMM 模型的城市化区域 LID 设施优化配置方案研究[J].水利水电技术,2018,49(6):10-15.

[9] 葛晓光.《城市排水工程规划规范》(GB 50318—2017)宣贯暨城市排水防涝设施规划建设与优化设计、改造技术交流研讨会报道[J].广东交通规划设计,2017(2):42-43.

［10］张坤. 综合措施下邯郸市低洼城区径流监减控效果模拟研究［D］. 邯郸：河北工程大学，2019.

［11］衣秀勇，关春曼，果有娜，等. DHI MIKE FLOOD 洪水模拟技术应用与研究［M］. 北京：中国水利水电出版社，2014.

［12］李俊，吴珊，赵昕，等. 雨型选择对 LID 措施效果影响的分析探讨［J］. 给水排水，2018，54（5）：21-27.

［13］谢家强，廖振良，顾献勇. 基于 MIKE URBAN 的中心城区内涝预测与评估——以上海市霍山-惠民系统为例［J］. 能源环境保护，2016，30（5）：44-49，37.

［14］向晨瑶，刘家宏，邵薇薇，等. 海绵小区削峰减洪效率对降雨特征的响应［J］. 水利水电技术，2017，48（6）：7-12.

第 7 章

平原型中心城区应用案例研究——邯郸市东区

7.1 研究区域概况

7.1.1 研究区地理位置

邯郸市位于河北省南部,素称河北省的南大门,东连华北平原,西依太行山脉,南毗河南安阳,北接邢台,地处晋冀鲁豫四省交界,交通发达,是晋冀鲁豫四省交界区域唯一具兼铁路、公路、航空的城市。邯郸跨东经 $114°03′\sim114°40′$,北纬 $36°20′\sim36°44′$,下辖 6 区、1 市及 11 县,总面积 12 066 km²,其中市区面积 419 km²。

本研究选取了邯郸市东区某片区为研究区,该片区以人民路为主干路,南至支漳河,北到胜利沟,西起高铁路桥,东至胜利沟入支漳河口,内含人民路、秦皇大街和荀子大街三条主干路,共计 318.35 ha,其中道路(含绿化带)面积为 50.73 ha,占总面积的 15.94%;绿化带面积为 7.57 ha,占研究区总面积的 2.38%,研究区位置见图 7-1。

7.1.2 研究区地形地貌

邯郸市受气候、地形、母质、植被、水文等自然因素影响,土壤类型多样,主要有棕壤土、褐土、新积土、风沙土、石质土、粗骨土、沼泽土、潮土、水盐土和水稻土 10 个土壤类别。地势由西向东呈阶梯状下降,它被京广铁路分为两部分,具有中、低山丘陵地貌的地区为西部,具有平原地貌地区的为东部。

7.1.3 水文气候

邯郸市属典型的暖温带半湿润大陆性季风气候,日照充足,雨热同期,干冷同季,四季交替明显,呈现出春季干旱少雨、夏季炎热多雨、秋季温和凉爽、冬季寒冷干燥的气候特征。邯郸市年平均气温为 13.5 ℃,无霜期一般为 200~210 d,全年平均日照时数为 2 217.6~2 618.5 h。

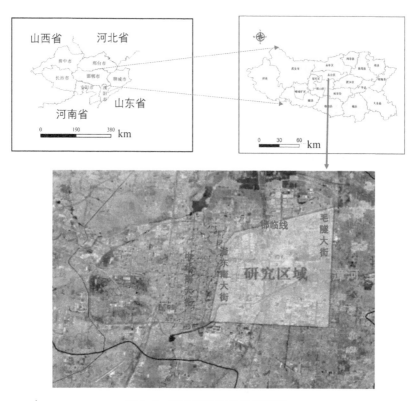

图 7-1　研究区地理位置示意图

全市多年平均降水量为 537.6 mm(1956—2016 年),降水总量为 65.0 亿 m³。降水量时空分布不均,年际变化大。全年降水量的 70%～80% 集中在汛期的 6—9 月。邯郸市辖区内的河流、渠道较多,天然河流主要包括支漳河、滏阳河、沁河和输元河[1]。其中支漳河和滏阳河是邯郸市区主要的泄洪通道,在城市防洪排涝中具有重要的作用。此外,还有人工开挖的邯临沟和新开河等排水明渠。

研究区域位于邯郸市中心城区东部,以滏阳河为分界线,范围东起滏东大街,西至邯郸东部开发区尚代线,南起南环路,北至邯临路,总面积约为 87 km²。地势西高东低,海拔为 51～62 m[2]。研究区域内的用地类型主要包括住宅、商业用地、绿地和道路四种。该地区城市化程度自西向东逐渐降低,西部紧邻中心城区,房屋建筑密集,道路交通便利;东部为城乡接合部、村庄和田地,建筑密度较低,绿化程度高。

7.2　一、二维耦合模型构建与参数率定

7.2.1　一维与二维模型耦合

MIKE FLOOD 是一个动态耦合的模型系统,它可以将一维模块和二维模块的

MIKE Urban、MIKE 11 和 MIKE 21 整合在同一个平台。MIKE FLOOD 模型可以同时模拟排水管网、明渠、排水河道、各种水工建筑物以及二维坡面流,在城市洪涝和流域洪水方面应用广泛。耦合后模型系统可以发挥一维和二维模型各自具备的优势,取长补短,可以避免单一模块模拟存在的模型精度和准确率问题[3]。

将 MIKE Urban、MIKE 11 和 MIKE 21 三个模块添加到 MIKE FLOOD 平台后,开始建立三者的链接关系。首先是建立 MIKE Urban 与 MIKE 11 的链接关系,本书采用的是利用排水管网的出口向河网泄水的方式。采用左右岸链接的方法将靠近河道的排水管网出口链接到河道当中,这样由排水出口排出的水将直接进入河道当中,加大排水管网的排水能力。

其次是将 MIKE 11 与 MIKE 21 进行链接,同样是采用左右岸链接的方法,将 MIKE 21 沿河两岸的网格单元与 MIKE 11 对应的河道左右岸进行链接。两个模块通过河道的左右进行水量的交换,地表积水超过两岸河堤时,MIKE 21 通过河岸链接将水量排入河道来减少地表积水。同样,当河道水位超过河堤时,MIKE 11 将通过河岸链接将河水溢出到地表,从而实现水量的交换。

最后是将 MIKE Urban 和 MIKE 21 进行链接,主要是通过排水管网的集水井和排水出口将两者链接在一起。当排水管网中的水量超出管网的排水能力时,多余的雨水会通过集水井溢流到地表,形成地表积水。当排水峰值过后,排水管网中的排水压力降低,地表的积水再次通过集水井进入排水管网中排出。三个模块之间的链接沟通是实现水量守恒的关键通道,只有构建好模型之间的链接才能更好地实现模型的模拟。模型耦合效果如图 7-2 所示。

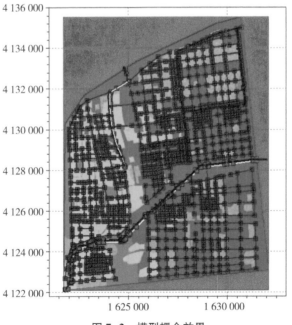

图 7-2　模型耦合效果

7.2.2 模型参数率定

模型参数的率定就是通过模型对典型洪水过程的模拟,得到地表漫流的积水数据和河道的水位流量数据,将典型洪水的积水实测数据与模型模拟结果的积水数据进行对比。通过率定影响地表产汇流过程的模型参数,使模型模拟地表积水数据尽可能符合实际测量数据[4]。只有经过参数率定后的模型才能更加符合研究区域的特点,在设计降雨下的情景模拟才能更加准确,更好地反映未来城市的地表产汇流过程和综合措施的径流削减效果。模型需要率定的参数主要分为产流参数和汇流参数两大类[5],具体见表 7-1。

表 7-1 模型率定参数

分类	参数	取值范围	率定结果
产流参数	降雨初损/mm	0.5～1.5	1.0
	水文衰减系数	0.6～0.9	0.7
	地表径流平均流速 v/(m/s)	0.25～0.30	0.30
汇流参数	管道曼宁系数	$n=1/M$ 或 $n=0.02～0.03$	0.025
	地表曼宁系数		0.030
	河道曼宁系数	0.000 1～0.000 2	0.025～0.030
	河道比降		0.000 1

本次采用两场典型洪水对模型的参数进行率定。通过导入 2016 年"7·19"典型洪水的降雨数据,利用 MIKE FLOOD 模型对"7·19"洪水进行数值模拟,得到研究区域典型点位的地表积水情况,然后与实际的测量数据进行对比,具体模拟效果见图 7-3 与表7-2。

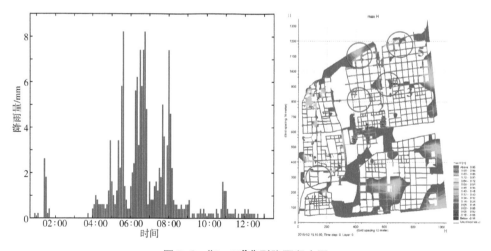

图 7-3 "7·19"典型降雨积水图

"7·19"洪水率定结果显示,5 个实测验证点的水深与模型模拟结果的误差在

0.8%～2.7%。模拟结果基本符合实际测量结果,整体误差较小,模型参数设置合适。

表 7-2 "7·19"典型降雨测量数据与模拟结果

序号	典型测点	实测积水深/cm	模拟结果/cm	相对误差/%
1#	二八五医院	30.0	29.2	−2.7
2#	王安堡村	25.0	25.2	0.8
3#	东填池村	32.0	32.3	0.9
4#	常庄村	43.0	42.2	−1.9
5#	北屯头村	59.0	57.7	−2.2

另一场用来率定模型参数的典型洪水过程是 2018 年"6·09"典型降雨过程。实测积水数据与模型模拟结果对比见图 7-4 与表 7-3。对比图表发现,5 个实测验证点的水深与模型模拟结果的误差在 1.0%～6.0%。模拟结果基本符合实际测量结果,整体误差较小,模型参数率定结果准确。

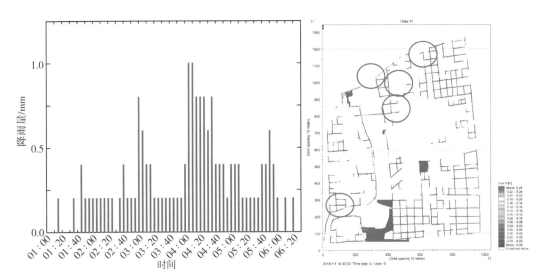

图 7-4 "6·09"典型降雨积水图

表 7-3 "6·09"典型降雨测量数据与模拟结果

序号	典型测点	实测积水深/cm	模拟结果/cm	相对误差/%
1#	二八五医院	15	15.3	2.0
2#	王安堡村	5	4.7	−6.0
3#	东填池村	7	6.9	−1.4
4#	常庄村	9	9.2	2.2
5#	北屯头村	20	20.2	1.0

7.3 海绵措施径流减控效果分析

7.3.1 湿地公园效果分析

（1）海绵生态湿地公园能够有效减少地表进入排水管网的径流量。通过吸纳地表洪水并将其储存在湿地公园中,能够降低城市排水管网的排水负荷,减少管网节点溢流和承压,实现对径流的减控。

（2）海绵生态湿地公园对于降雨重现期不超过 50 年一遇的洪水减控效果显著。当重现期为 100 年一遇时,超出湿地公园的最大纳水能力,湿地中存储的水量倒流,导致进入湿地公园前的管道水位溢流。因此,当重现期不超过 50 年一遇时,随着设计降雨重现期和降雨总量的增大,湿地公园对径流的减控效果逐渐降低。以北部海绵生态湿地公园附近的集水井 Node_5335 为例,在 5 年一遇重现期设计降雨下,添加海绵改造措施后,集水井的峰值水位降低了 40 cm,在 50 年一遇重现期下,集水井的峰值水位降低了 35 cm。不同重现期下湿地公园的径流削减效果见表 7-4。

表 7-4　湿地公园径流削减效果

重现期/年	5	10	20	50	100
无措施水位/m	52.68	52.86	52.96	53.10	53.40
有措施水位/m	52.28	52.48	52.60	52.75	60.10
削减值/cm	+40	+38	+36	+35	−670

（3）通过对比分析不同重现期下生态湿地公园对于径流削减的过程图 7-5 和图 7-6发现,湿地公园对于径流的前期控制效果比较弱,其发挥作用的时间主要集中在后期,对径流峰值的削减效果比较大。

7.3.2 管网改造效果分析

（1）节点溢流水位分析

MIKE Urban 一维水动力模型中的城市排水管网模型在计算排水管网中节点的溢流时,假定存在一个直径为该集水井直径 1 000 倍的圆柱储水单元。集水井溢流的水量在排水管网排水能力恢复后重新进入排水管网,最终又通过管网出口排出。

为了改善研究区域目前的节点溢流情况,减少节点溢流数量和增大管网的排水能力,在溢流节点集中分布的地区和地表累积径流量较大的地区进行排水管网改造。通过扩大排水管道的直径和减少逆坡等措施来扩大管网的纳水能力,提高城市排水管网的排水能力,减少节点溢流情况。

添加改造措施后,不同重现期设计降雨下的节点溢流比例随着重现期的增大而增大。添加改造措施后,2 年一遇重现期节点溢流比例由 6.2% 降为 5.7%,5 年一遇重现

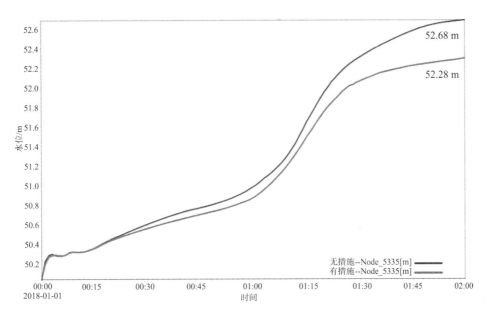

图 7-5　5 年一遇节点水位削减效果

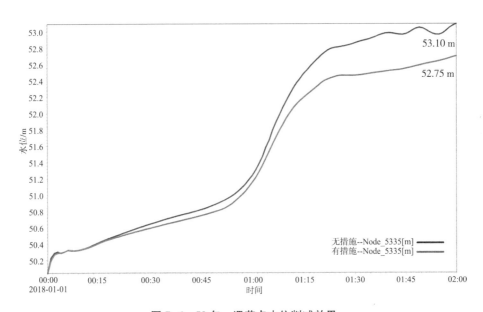

图 7-6　50 年一遇节点水位削减效果

期节点溢流比例由 7.1％降为 6.9％,10 年一遇重现期节点溢流比例由 8.6％降为 7.9％,20 年一遇重现期节点溢流比例由 9.0％降为 8.4％,50 年一遇重现期节点溢流比例由 9.6％降为 9.0％,100 年一遇重现期节点溢流比例未变化。由于排水管网改造措施并不能从源头减少进入管网中的水量,因此改造措施在重现期为 100 年一遇时不再具有减控效果。

（2）管道充满度分析

管道充满度 p 是管道中水位高度与管道直径的比值,当管道中水位大于直径时,管道处于承压状态,此时管道充满度大于 p,当管道水位小于管道直径时,此时管道充满度小于 p,管道中的水流处于明渠流状态。

为了降低排水管网的充满度、减少管道的承压状态,本研究对排水管网进行改造,通过扩大管道直径和减少逆坡等措施来增大管网的排水能力、降低管道的充满度。分析添加改造措施后的城市排水管网模型的模拟结果得到以下结论:

①扩大管道直径和减少逆坡等排水管网改造措施对于管道充满度和承压管道的数量均有降低效果,但改造效果随着重现期的增加而降低。2 年一遇重现期管道承压比例由 49.4%降为 48.5%,5 年一遇重现期管道承压比例由 51.1%降为 50.7%,10 年一遇重现期管道承压比例由 51.7%降为 51.5%,20 年一遇重现期管道承压比例由 53.1%降为 52.5%,50 年一遇重现期管道承压比例 54.0%保持不变,100 年一遇重现期管道承压比例 54.3%保持不变。

由于排水管网改造措施并不能从根本上减少雨洪水量,只是增大了排水管网的雨水排除能力,因此改造措施具有一定的局限性,针对 2 年一遇、5 年一遇和 10 年一遇的低重现期设计降雨情景具有比较明显的效果。

②扩大管道直径对于排水管道不同重现期充满度大的管道来说均具有比较明显的降低作用。添加措施后不同重现期设计降雨下充满度为 $4p\sim5p$ 的管道与初始状态相比数量均减少 80%,充满度为 $3p\sim4p$ 的排水管道数量减少约 25%,充满度为 $2p\sim3p$ 的排水管道数量减少约 20%,充满度为 $1p\sim2p$ 的排水管道数量增加约 7%。具体情况见图 7-7 和表 7-5。

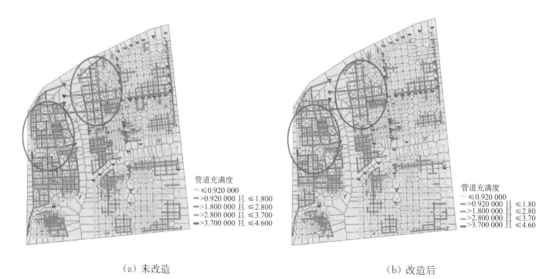

（a）未改造 （b）改造后

图 7-7 5 年一遇重现期改造前后管道充满度

表 7-5　不同重现期承压管道数量

管道充满度	不同重现期下承压管道数量					
	2 年	5 年	10 年	20 年	50 年	100 年
$4p\sim5p$	1	1	1	1	1	1
$3p\sim4p$	10	11	13	16	16	17
$2p\sim3p$	99	118	126	133	143	147
$1p\sim2p$	536	545	546	549	559	558
数量	646	675	686	699	719	723
承压管道比例/%	48.5	50.7	51.5	52.5	54.0	54.3

7.3.3　河流廊道效果分析

河流是排除雨洪的天然通道,研究区域内的雨洪经过城市排水管网最终都汇入河流之中。本节首先对不同重现期降雨下研究区内四条河流明渠的水位流量进行模拟,分析不同降雨情景下的河道水位流量演进过程,针对目前河流排水能力不足和下游壅堵河道被侵占等现象进行河流廊道改造。

对 2 年一遇、5 年一遇、10 年一遇、20 年一遇和 100 年一遇重现期降雨下有无河流廊道改造措施的河流水流流量情况进行模拟,得到不同重现期降雨下的河流廊道削减效果。对 5 年一遇和 10 年一遇设计降雨下的邯临沟和新开河的水位削减情况进行分析得到如下结论:

（1）在相同重现期设计降雨情景下,河流上游水位的增长幅度要大于下游水位的增长幅度。这主要是受模型模拟时间限制,上游雨洪尚未完全演进到下游出口,导致下游水位上涨滞后于上游。

（2）随着重现期的增加,河流廊道改造对河流水位流量的削减效果逐渐降低。2 年一遇、5 年一遇、10 年一遇和 20 年一遇重现期设计降雨产生的洪水削减效果比较明显,对于 50 年一遇和 100 年一遇重现期降雨下的河道洪水位下游没有削减效果。以邯临沟和新开河为例,在河流廊道改造后 5 年一遇设计降雨下,邯临沟与新开河河道下游洪水位分别降低 0.4 m 和 0.15 m,对于 50 年一遇重现期下的河道下游洪水位的削减效果不明显。

（3）通过对比分析 50 年一遇和 100 年一遇重现期降雨下的河道断面水位过程线的斜率发现,改造措施能够降低水位的上涨速度,但是对于水位峰值的削减效果不明显。其主要原因是河流廊道的纳洪能力有限,只能在一定范围内加大对于河流洪水的储蓄能力,超出其控制范围的洪水只能排往下游。

7.4　平原型中心城区应用案例研究结果分析

（1）分析地表径流结果发现:不同重现期设计降雨情景的综合径流系数在 0.492～

0.501,并且随着重现期的增大而增大。子汇水区的下垫面不透水百分比对于自身径流系数影响比降雨量大,径流系数在数值上更接近不透水百分比。

(2)分析子汇水区的地表最大流速和平均流速结果发现:径流累积总量随着重现期的增加而增大。以 5 年一遇重现期为基准,其他设计降雨的地表径流累积量均是 5 年一遇情景下的 1.2～1.8 倍。随着重现期的增加,地表最大径流速度分别变为 5 年一遇最大径流速度的 1.2 倍、1.3 倍、1.6 倍和 1.7 倍。

(3)分析雨峰系数对地表径流的影响发现:随着雨峰系数增大,地表径流累积量逐渐变小,最后保持不变。当雨峰系数由 0.2 变为 0.6 和 0.8 时,地表径流累积量最多可减少 39 524 m^3。

此外,地表平均径流速度随着雨峰系数的增大而增大。当雨峰系数由 0.2 增至 0.8 时,地表平均径流速度增加 0.1 m^3/s,雨峰和洪峰间隔减小 80%,峰现的时间间隔越来越小。

(4)湿地公园对于降雨重现期不超过 50 年的洪水减控效果显著。当设计降雨重现期为 5 年时,添加海绵改造措施后,集水井 Node_5335 的峰值水位降低 40 cm,设计降雨重现期为 50 年时,集水井的峰值水位降低 35 cm。

此外,海绵公园对于径流的前期控制效果比较弱,其发挥作用的时间主要集中在径流的后期,对径流峰值的削减效果比较大。

(5)分析排水管网负荷发现:随着重现期的增大,节点的溢流比例逐渐增大,重现期由 5 年增长到 100 年,溢流节点比例由 7.1% 增长到 9.8%。同时随着重现期的增大,溢流水深 0.1<H<0.2、0.2<H<0.3 和 0.4<H<0.5 的节点数量增加。

在添加改造措施后,节点溢流削减率随着重现期的增大而降低。2 年一遇重现期节点溢流比例由 6.2% 降为 5.7%,50 年一遇重现期节点溢流比例由 9.6% 降为 9.0%,100 年一遇重现期节点溢流比例未变化。

此外,随着设计降雨重现期的增大,承压管道的数量也随之增多。充满度数值主要集中在 $1p$～$2p$。随设计降雨重现期增加,管道充满度处于 $2p$～$3p$ 的增长数量最多,充满度在 $4p$～$5p$ 的增长数量最少。管道充满度和承压管道数量并不随着雨峰系数的增大而有明显变化。雨峰系数 $R=0.2$ 和 $R=0.8$ 的管道承压比为 51%,雨峰系数 $R=0.4$ 和 $R=0.6$ 的管道承压比例为 52%。

添加改造措施后管道充满度和承压管道的数量均有降低,2 年一遇重现期管道承压比例由 49.4% 降为 48.5%,20 年一遇重现期管道承压比例由 53.1% 降为 52.5%,50 年和 100 年一遇重现期管道承压比例保持不变。同时,不同重现期设计降雨下充满度为 $4p$～$5p$ 的管道与初始状态相比数量均减少 80%,充满度为 $1p$～$2p$ 的排水管道数量增加约 7%。

(6)分析河流廊道的减控效果发现:随着重现期的增加,河流廊道对河流水位流量的削减效果逐渐降低。改造措施对重现期不超过 20 年一遇的设计降雨洪水削减效果比较明显。在添加改造措施后,5 年一遇重现期下邯临沟与新开河河道下游洪水位分别降低

0.4 m 和 0.15 m,对于 50 年一遇重现期下的河道下游洪水位的削减效果不明显。同时,河流廊道还具有降低河道水位上涨速度的作用。

(7)分析区域最大积水深结果发现:研究区东部和北部属于洪涝高发区,地表积水普遍高于其他地区,并且不同重现期设计降雨情景下均存在最大积水深度大于 70 cm 的积水点。东部和北部地区更容易发生洪涝灾害,而且积水情况严重,一旦发生就会造成巨大的损失。

此外,研究区的内涝面积和积水面积都随着设计降雨重现期的增加而增大。2 年一遇重现期内涝面积占比 7.5%,100 年一遇重现期内涝面积占比 18.2%,相对增加 10.7%。2 年一遇重现期积水面积占比 35.1%,100 年一遇重现期积水面积占比 59.6%,相对增加 24.5%。比较两者的面积占比增长,积水面积增加的比例大于内涝面积增加比例。

参考文献

[1] 王海潮,陈建刚,张书函,等. 城市雨洪模型应用现状及对比分析[J]. 水利水电技术,2011,42 (11):10-13.

[2] 王宇,陈秋然. 邯郸市水系概况及水体污染分析[J]. 海河水利,2005(3):17-18.

[3] DHI,MIKE FLOOD 1D-2D modelling User Guide[R]. Copenhagen:DHI,2014.

[4] 李昂泽. 基于 MIKE FLOOD 模型的内涝风险评估及泵站规划方案优选[D]. 武汉:华中科技大学,2015.

[5] 王英. 基于 MIKE FLOOD 的城区雨洪模拟与内涝风险评估[D]. 邯郸:河北工程大学,2018.

第8章

平原型经济开发区应用案例研究——亦庄核心区

8.1 北京亦庄地区概况

8.1.1 自然地理概况

选择北京亦庄经济技术开发区核心区(简称核心区,图3-1)作为研究区,区域面积为17.84 km²,属温带季风气候区,多年平均降水量为622.3 mm,降水量年际年内变化大,汛期集中在6—9月,且往往呈现丰水年、枯水年连续交替的变化特征。核心区城市建设用地类型呈混合型交错分布,其中城市内居住用地、公共服务与商业服务设施用地、工业用地3种类型用地面积占总建设用地面积的约80%,其余建设用地为道路与交通设施用地和公园绿地[1],土地利用类型见表3-1。

8.1.2 区域内涝特征

核心区属于北方平原典型城区,一方面,亦庄经济技术开发区(含核心区、路东新区和南部新区)路面硬化程度高达72.5%,现状排水系统设计标准较低,防洪设施对城市内涝调节能力较弱,大暴雨天气下,容易导致下沉式立交桥、地下通道等交通路面、企业物资、居民住房等受到涝水的浸泡和淹没;另一方面,由于高重现期雨洪水外排不够及时,不同建设用地类型区的易涝地块表现出不同程度的受淹情况,呈现出积水易形成难退去,且退水时间长的特点;核心区内修建的防洪排涝设施较少,凉水河、大羊坊沟作为核心区主要的排涝河道(图3-1),承担着整个核心区的排涝任务,汛期水位上涨容易对两岸居民、建筑物构成洪涝两碰头的威胁。

8.2　大尺度城区分布式水文模型构建

8.2.1　基础数据收集及预处理

1. 基础数据收集

（1）下垫面数据

下垫面类型及各类型所占比例将影响产汇流模型的概化以及产汇流模拟的精度,作为下垫面数据获取主要手段的航拍图及数字地形往往较研究时间早几年形成,不能反映当前的真实情况,因此需要对研究区域下垫面重要控制点高程、下垫面类型等情况进行调研。

（2）排水管网数据

选择自下而上的方式,通过入河雨水口的调研对逐个入河雨水口的排水管网及服务面积进行摸底。运用闭路电视管道检测仪器测量水位、检查井,测量调查评价现有雨水管网的运行情况、服务情况、淤积情况和结构完整性。

（3）排水河道数据

排水河道是雨水排出研究区域的主要途径,因此需要对研究区域主要排水河道断面布置、防洪标准、治理情况、入河雨水口等进行调研,对河道内运行的闸门、橡胶坝等水工建筑物位置、运行情况进行调研。

2. 基础数据预处理

在对亦庄核心区基础数据进行校核分析后,发现几种类型的错误,包括管道和检查井的重叠和重复、未连接管网、不合理的阀门、拓扑缺口等。利用 GIS 的拓扑检验工具进行管网数据的精选,自动辨别和纠正重叠和未连接部位,并进行经验性人工检验来证实不合理阀门和其他错误。发现的主要问题及解决方法见表 8-1。

表 8-1　模型构建主要问题及解决方法

问题名称图	问题描述	解决方法
节点位置错误	节点位置坐标与实际偏差过大	根据上下游关系,将问题节点移动到实际位置
孤立节点	节点无上下游管段连接	依据节点类型复查补充上下游管段信息
连接管线缺失	两个节点之间缺少连接管线	通过基础数据或补测数据,依据实际情况添加补全缺失管线信息
管线连接错误	管线上游或者下游连接节点关联关系错误,管线错接到其他位置	根据管线所属街道和管线周围管线位置等信息判断,或现场重新勘察,将错误的管线重新连接正确
管线方向错误	管线流向与实际流向相反	直接进行修改,确保与实际流向和上下游管线流向相同
管线逆坡	重力流管线下游管底高程大于上游管底高程	多发于陈旧管线,明显的逆坡可根据普查数据进行核实,如无法确认须赴现场核实,补测管底真实高程

问题名称图	问题描述	解决方法
管线上下游错位连接	上游管线的上游管底高程大于下游管线的下游管底高程	对排水管线纵断面视图校验,明显的错位须根据基础数据或补测数据进行核实
管线重复连接	两相邻雨水井之间连接两条或多条管线	删除重复管线
大管径管线接小管径管线	上游大管径管线接入下游小管径管线	复核基础数据或现场补测,确保下游管线管径大于等于上游管线管径
环状管网	多条管线之间互相连接成环	复核基础数据或现场补测,确保排水管线合理连通
属性数据缺失	测绘过程中因工作疏漏或雨水井周围地形状况不满足测绘条件等导致排水管网各要素主要属性数据缺失	管底、井底高程和管线尺寸数据缺失须依据城市管网布置原则利用GIS自动插值,如有必要须赴现场进行补测

8.2.2 模型构建

1. 汇水区细化

(1) 土地利用类型细化

亦庄核心区覆盖范围大,城区内呈混合型下垫面和地形类型、受保护对象众多且交错分布的特点,且有凉水河、大羊坊沟等排水水系。细化用地类型时,根据《城市用地分类与规划建设用地标准》(GB 50137—2011)和《北京市城乡规划——北京经济技术开发区分册》的相关内容,以核心区内河流、沟槽和城市快速路、主干路、次干路为地块边界,结合核心区的实际情况,将用地类型具体划分为居住用地、公共服务与商业服务设施用地、工业用地、道路与交通设施用地、公园绿地5类。在地块划分时,为便于区域的汇水区及排水区数字化,尽量使地块或其邻近组合具有独立产汇流过程,综合各种因素,最终确定区域分为108个地块,具体体用地类型区位分布如图3-1所示。

(2) 不同用地类型的产汇流响应特征

从现场调研结果可知,居住用地以多、中、高层居民小区为主,地表较易产流且现状排水系统标准较低,在暴雨情景下,建筑物底层易进水受淹;公共服务与商业服务设施用地以机关、社团等办公机构为主,属建筑较密集区,地表极易产流且属于内涝多发区;工业用地以高新技术企业的车间、库房为主,属建筑稀疏的中等产流区且排水系统较完备,物资库房不易进水受淹;道路与交通设施用地中城市快速路、主干路大多不易积水,与居住用地、公共服务与商业服务设施用地这两种用地类型区衔接的次干路和支路易积水,由此导致交通受阻现象严重;公园绿地以公园景观绿地和下沉式广场为主,属不易产流区,内涝风险较低。

2. 子汇水区划分

在城市水文学中,子汇水区又被称为子汇水面积,是构建区域SWMM中最小的水文响应单元。子汇水区的精细化输入是保证SWMM模拟精度的前提。因此,同一种城市建设用地类型地块不能被划分为一个子汇水区,这样既不符合实际又会影响模拟效果,所以需要先对整个核心区进行分片,再进一步划分相对独立的子汇水区。基于总体地形分布和坡度分布的空间差异性,以及凉水河、大羊坊沟两条主要排水河道的位置和流向特征,将核心区粗划为东、西两大汇水片区。由于 SWMM 是在每个子汇水区范围内进行产汇流过程的模拟,所以划分子汇水区的离散程度越高,越有利于提高整个区域 SWMM 的模拟精度。根据亦庄核心区 1∶2 000 地形数据、DEM 数据、航拍影像图、道路、水系及其流向等资料,在 108 个土地利用类型分块的基础上,借助 ArcGIS 10.2 水文模块(Hydrology Module)中的汇水区划分工具(Watershed),将亦庄核心区用地类型分布及上述资料进行对比,进一步确定子汇水区的排水边界,根据现场调研数据分别计算了构建 SWMM 所需子汇水区的相关参数,同时参考使用手册提供的参考值进行参数预设。

鉴于下垫面多样性分布的差异性及管网汇水方向的不同,本书以荣华中路——荣华南路——永昌北路为分界线,如图 3-1 所示,以亦庄核心区划分为东、西两大排水片区。以下垫面类型复杂的西部凉水河汇水片区为例,参考《亦庄地区雨水排水规划方案》,根据地形条件对该片区按照如下步骤和原则进一步概化。

因各子汇水区之间以雨水井、排水干管相连,由雨水井高程首先确定了各子汇水区之间的上下游关系,然后根据下垫面情况,将西部片区初步划分为北部绿地子汇水片区、北部住宅子汇水片区、中部商服子汇水片区和南部工业子汇水片区,如图 8-1(a)所示。在上述大类型片区划分的基础上,再参照影像图和现场调研结果反映的建设用地属性,将各用地类型的汇水区细划为住宅区屋顶汇水单元、商服区人行道汇水单元、工业区厂房汇水单元等,汇水区土地类型进一步得到了细化。由于区域下垫面自身的多样性,在划分时,兼顾模型运行方便,可根据实际情况适时灵活操作,并不一味地增加汇水单元的类型和相应个数。划分时掌握如下原则:

(1)对于具有相同下垫面性质且分布非常集中的地表建筑物(如同一小区的多栋住宅楼等),在没有道路、立交桥等设施分离的前提下,建议将其邻近的多个建筑物统一划分为一个子汇水区。

(2)荣京西街地铁口附近的地块,属混合用地类型且呈交错分布状,需要区分每个相对独立的贸易商场、办公楼、科技公园等,即需要细化到每个建筑体对应的汇水区域,并分别赋予子汇水土地表面参数。最终的划分精度为:居住用地细划到每个住宅小区,公共服务与商业服务设施用地细划到每个商场建筑,工业用地细划到每个企业工厂,道路与交通设施用地细划到每条支路,公园绿地细划到每个子产汇流地块。凉水河汇水片区划分结果如图 8-1(b)所示。

相对西区而言,东区下垫面条件较为简单,方法和划分原则同上,在此不再赘述。最终将亦庄东、西区合并,将整个核心区划分成 1 072 个子汇水区,总面积为 17.84 km²,整体汇水单元划分结果如图 8-1(c)所示。其中,最大子汇水区面积为 28.62 万 m²,最小面积为 578.13 m²,不透水汇水区占核心区总面积的 72.5%。

3. 排水系统数字化

区域市政雨水排水系统的数字化主要包括城市地下水管道(网)概化、内河排水沟道

图 8-1　子汇水区划分结果

数字化以及雨水井节点概化。SWMM 在对排水管网进行模拟计算时,提供给用户三个计算方法:稳定流法(恒定流法)、运动波法和动力波法,并借助曼宁公式将流速、管段糙率和水深结合到一起。其中,动力波法可以有效解决水流在明渠和封闭管段中复杂的运动问题,该方法依据质量守恒和动量守恒定律,通过对完整的圣维南方程组进行求解,无论是在有水头损失的上下游关联管段之间,还是在有回水、逆流的管段之间均能实现较合理的流量演算。在此,借助模型辅助软件或算法来校核区域管道的拓扑关系,该方法可以提高排水系统概化及布设准确性和合理性,因此本研究选择了此种方法。

(1)排水管道(网)概化

根据区域地形及汇水单元划分情况可知,东片区和西片区地表径流沿路面、沟渠、排水管网分别排入东部的大羊坊沟和西南方向的凉水河,区域总出水口设在两河交汇处。现状雨水管网数据中,涉及钢管、混凝土管、钢筋混凝土管、普通铸铁管等 4 类材质 47 种不同规格的排水管道,考虑到亦庄核心区新旧排水管道并存且数据量大的特点,为提高模型运算速度并保证模拟精度,将研究区内的全部新旧排水管道(网)、河流、沟渠,以及次干路、支路等较窄的硬化路面统一概化为 3 274 条排水管道,管道及沟渠总长107.1 km。排水管道纵断面概化情况如图 8-2 所示。

(2)集流点雨水井确定

为了使管网系统的入流量分配更符合实际情况,保证子汇水区地表径流分配到相应的排水管道集流点上(模型中为雨水井节点),即每个子汇水区对应一个节点,需在亦庄核心区雨水检查井原始数据的基础上,增加子汇水区雨水集流点。借助 ArcGIS 中的边缘检测算法(又称提取算法),确定子汇水区一一对应的集流点,通过网格边缘点赋值绘制子汇水区栅格图,再以构建分辨率为 250 m×250 m 的栅格为前提条件,按照逆时针顺序依次扫描子汇水区附近的边缘点,直到查找出该子汇水区的最低节点为止,即找到了

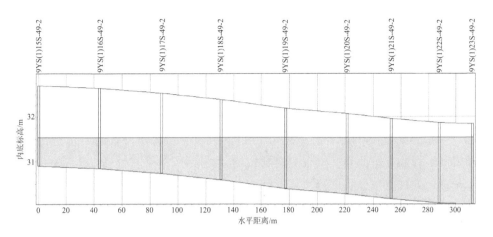

图 8-2　排水管道纵断面概化情况

每个子汇水区所对应的唯一集流点。最后按照管道连接的上下游关系来确定雨水井的前后顺序,产生的地表径流由集流点经雨水管道最终流入排水管网。因此,栅格图边缘检测的精度越高,概化效果越接近实际情况。最终在亦庄核心区概化雨水井 3 621 个,概化结果如图 8-3 所示。

图 8-3　排水系统概化结果图

（3）排水系统精细化处理

SWMM 对输入数据要求较高,虽然将地形、排水管道(网)和雨水井等.shap 格式文件转换为.inp 格式文件的工作量大,数据的校核与检验任务烦琐,但均是在大尺度城区构建 SWMM 不可省略的关键环节。以排水管道(网)拓扑关系的检验与修正为例,本书设定的拓扑容差为 0.001 m,先利用 ArcGIS 中的拓扑检验工具进行管网数据的初步精选,自动辨别和纠正重叠或未连接管段,对连接错误、重叠的点、线、面予以修正,筛选出合理的可用管网;再利用 SWMM 的预运行自查功能,逐个定位 SWMM 拓扑检验存在问题的位置,做必要的工程合理性检查、连接性检查和排水管道纵断面图检查;最后通过模型中管网设施编辑命令进行数据修正。上述方法及数据处理步骤对地形数据、雨水井数据同样适用,可以有效地减少模型输入环节数据校核检验的工作量,模型输入阶段 SWMM 提示的错误报告及不合理警告数量大大降低。将上述流程应用于复杂下垫面典型城区——亦庄核心区,排水系统概化结果如图 8-3 所示,排水管线的流向、管道形状结构以及管网运行服务情况等在模型中均可显现,均与调研结果和数据收集结果一致。排水系统精细化处理方法显示,SWMM 能够如实地反映当前的实际情况。

8.3　无管流数据模型参数校验

模型参数涉及降水入渗过程,如前所述,SWMM 有三种下渗模型,在此采用的是霍顿(Horton)模型进行入渗模拟,地面平均坡度、子汇水区糙率系数、管道或明渠糙率系数等参数根据 SWMM 用户手册中的典型值设定初值[2]。鉴于核心区用地类型多、分布错综复杂的特点,需充分考虑相邻子汇水区之间的水力联系以提高模拟精度。通过实地调查踏勘、走访当地群众、查阅汛期媒体报道等形式,深入了解北京"6·23""7·21""7·20"特大暴雨以及"9·07"典型降水过程中亦庄核心区的内涝受淹情况。采取 3.4.1 节所述方法,以"6·23""7·21"暴雨径流过程进行模型参数率定,以"7·20""9·07"暴雨径流过程进行模型的验证。

参数率定的主要目的是尽量降低模型模拟值与实际调查值的相对误差,尽量提高二者之间的拟合程度[3]。对于模拟值与调查值误差较大的校验点,须进一步调试模型参数,直到所有校验点最大水深的模拟值与实测值最接近为止。

以"6·23"特大暴雨参数率定过程为例。SWMM 运行时间为 2011 年 6 月 23 日 16 时至 6 月 24 日 2 时共计 10 h。从精度验证过程可以看出,"6·23"特大暴雨条件下,5 类典型用地类型区水深过程线与降水过程线的线形和趋势走向接近,与理论描述的流量过程线吻合较好,且各验证点均有不同程度的路面积水产生,水深过程线呈陡增缓退的趋势。具体特征表现为暴雨产生 25～30 min 后,水深增速最快,随后水深保持一定的速度继续增涨,最大水深一般持续 10～15 min。积水退去的时间较长,退水历时为水深上涨历时的 2～3 倍。参数率定阶段模拟径流过程线如图 8-4 所示,其中图 8-4(a)代表模型模拟"6·23"特大暴雨径流深过程线,图 8-4(b)代表模型模拟"7·21"特大暴雨径流深过程线。

通过对 SWMM 参数率定进行不确定性分析和参数敏感性分析[4],以及上述内容所涉及的子汇水区精细划分技术的应用,为子汇水区不透水部分面积占比(%Imperv)和子汇水区不透水部分洼地蓄水深度(Dstore-Imperv)等参数提供了识别和调试依据。主要参数率定结果见表 8-2。

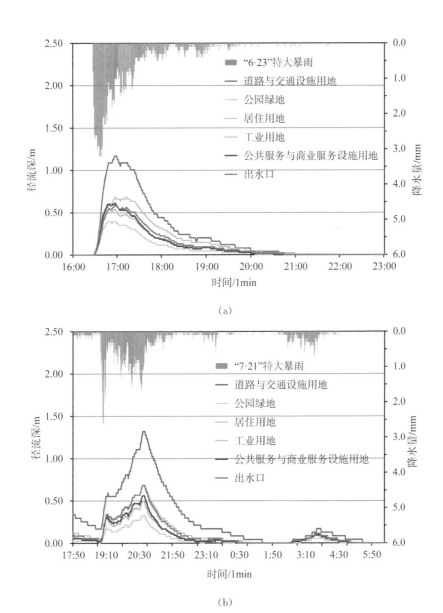

（a）

（b）

图 8-4　参数率定阶段模拟径流过程线

表 8-2　模型主要参数率定结果

参数类型		参考值	初设值	率定值
坡面汇流糙率系数	道路	0.011～0.013	0.012	0.012
	屋顶或广场	0.011～0.013	0.012	0.013
	草地	0.15～0.24	0.20	0.15
	林地	0.4～0.8	0.6	0.4
排水系统糙率系数	闭合管段	0.011～0.015	0.013	0.013
	明渠	0.03～0.07	0.05	0.06

8.4 无消纳措施暴雨地面淹没分析

8.4.1 设计暴雨

1. 设计暴雨量计算

以《北京市水文手册》(第一分册)暴雨图集(以下简称"图集")作为推求亦庄地区设计暴雨的依据。由于亦庄核心区总面积为 17.84 km²,就流域尺度而言属中小流域,故从图集提供的 7 个标准历时(10 min、30 min、60 min、360 min、24 h、3 d、7 d)中选取了较常用的中尺度历时 360 min(6 h),并用核心区的中心点暴雨量代替区域面暴雨量计算。

依据《室外排水设计规范》中暴雨强度公式的编制方法[4],北京市重要地区和道路的雨水管渠规划设计重现期采用 5 年一遇,地势低洼等易发生内涝地区的排水系统重现期采用 50 年或以上。此外,根据国家中小河流治理的有关规定,凉水河、大羊坊沟两个排水系统的现状防洪标准采用 20 年一遇,校核标准为 50 年一遇。综上,本书中选定的设计暴雨重现期分别为 5 年、10 年、20 年和 50 年。

具体地,在计算设计暴雨量过程中采用图集中推荐的暴雨公式推求,如公式(8-1)所示:

$$H_{tp} = K_p \cdot \overline{H_t} \tag{8-1}$$

式中:H_{tp} 表示某一历时($t=1$ h,6 h,24 h)某一设计频率(P)暴雨量,mm;K_p 表示模比系数,参照皮尔逊-Ⅲ型曲线表得出,其中,C_s/C_v 统一采用 3.5;$\overline{H_t}$ 表示标准历时暴雨量均值,mm。

以 10 年一遇设计暴雨为例,北京平原区 360 min(6 h)标准历时的雨量均值、变差系数 C_v 均可在图集暴雨参数等值线图上查到,由图集提供的多年平均最大 360 min 雨量等值线图读出最大 360 min 降水量,即 $\overline{H_6}$ 约为 62.3 mm,由多年平均最大 360 min 雨量变差系数 C_{v6} 等值线图读出 C_{v6} 值约为 0.47,进而查出 K_{p6} 为 1.62,设计频率为 10% 及 10 年一遇的设计点暴雨量为 100.8 mm。同理可查得不同重现期(5 年、20 年、50 年)的设计暴雨量。

上述只是通过图集计算得出历时为 6h 的各重现期设计暴雨的雨量,相应的其他历时(t)的设计暴雨量,则由公式(8-2)计算求得。

$$H_{tp} = H_{bp} \cdot \left(\frac{t}{t_b}\right)^{1-n_{ab}} \tag{8-2}$$

式中:H_{tp} 表示某一历时设计暴雨量,mm;H_{bp} 表示相应两个标准历时后任一历时的设计雨量,mm;n_{ab} 表示相邻两个标准历时 t_a(前)和 t_b(后)的设计雨量 H_a 和 H_b 区间的暴雨递减指数。

不同频率、不同历时的设计暴雨量计算流程如图 8-5 所示,设计暴雨量计算公式见表 8-3。

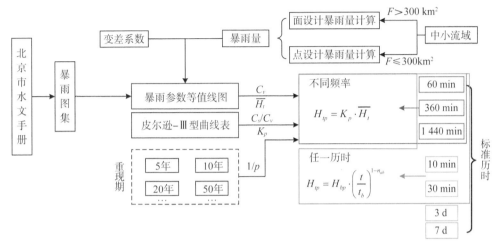

图 8-5　设计暴雨量计算流程

表 8-3　设计暴雨量计算公式

递减系数	使用范围	n_{ab} 值计算	设计暴雨量计算
n_1	10~30 min	$n_1 = 1 + 2.096\lg\left(\dfrac{H_{10p}}{H_{30p}}\right)$	$H_{tp} = H_{30p} \cdot \left(\dfrac{t}{30}\right)^{1-n_1}$
n_2	30~60 min	$n_2 = 1 + 3.22\lg\left(\dfrac{H_{30p}}{H_{60p}}\right)$	$H_{tp} = H_{60} \cdot \left(\dfrac{t}{60}\right)^{1-n_2}$
n_3	1~6 h	$n_3 = 1 + 1.128\,5\lg\left(\dfrac{H_{60p}}{H_{360p}}\right)$	$H_{tp} = H_{6p} \cdot \left(\dfrac{t}{6}\right)^{1-n_3}$
n_4	6~24 h	$n_4 = 1 + 1.166\,1\lg\left(\dfrac{H_{360p}}{H_{1\,440p}}\right)$	$H_{tp} = H_{24p} \cdot \left(\dfrac{t}{24}\right)^{1-n_4}$

2. 设计雨型时程分配及其特征

参照图集以及北京市地方标准《城镇雨水系统规划设计暴雨径流计算标准》(DB11/T 969—2016)中北京市近郊平原区不同历时雨型分配表,认为最大 5 min 降水量占最大 10 min 降水量的 53.33%,占最大 15 min 降水量的 39.69%,占最大 30 min 降水量的 49.88%。同样以 10 年一遇设计暴雨为例,按照上述计算标准及雨型分配方法,最终求得最大 5 min 降水量为 15.2 mm,最大 15 min 降水量为 42.0 mm,最大 45 min 降水量为 61.2 mm,最大 90 min 降水量为 80.0 mm,最大 120 min 降水量为 85.0 mm,最大 150 min 降水量为 90.0 mm,最大 180 min 降水量为 120.0 mm,最大 240 min 降水量为 105.0 mm。按照上述方法分别计算了亦庄地区 5 年、10 年、20 年和 50 年一遇设计暴雨过程,如图 8-6 所示,其中各分图分别代表了 4 个不同重现期的设计暴雨过程。

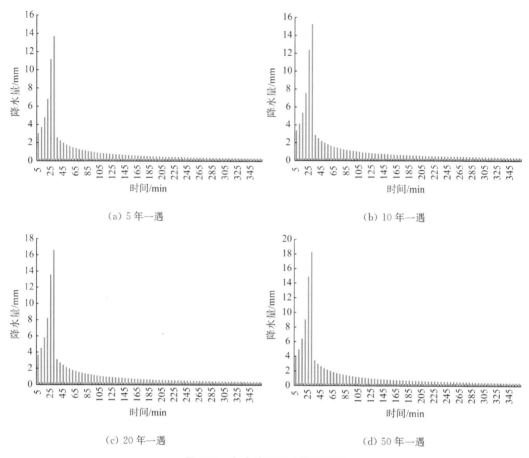

图 8-6　亦庄地区设计暴雨过程

8.4.2　产汇流响应特征分析

以重现期为 5 年、10 年、20 年、50 年的设计暴雨过程作为区域模型的降水输入情景，可以得到各子汇水区的雨洪径流模拟结果。不同用地类型的典型子汇水区暴雨径流过程线如图 8-7 所示。

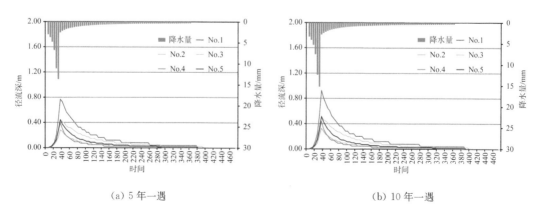

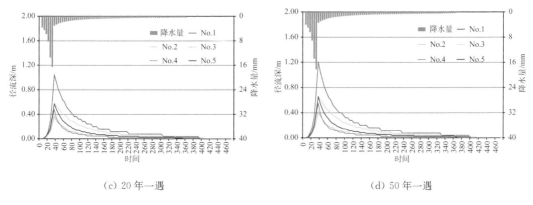

(c) 20 年一遇　　　　　　　　　　　　　　　(d) 50 年一遇

图 8-7　不同用地类型的典型子汇水区暴雨径流过程线

如 8.4.1 节及表 8-4 所示,No.1～No.5 分别代表了道路与交通设施用地、公园绿地、城市内居住用地、工业用地、公共服务与商业服务设施用地 5 类不同用地类型的子汇水区,故 No.1～No.5 的模拟结果就代表了不同下垫面条件下子汇水区对不同暴雨过程的产流响应结果。其中,图 8-7 表示了 5 年、10 年、20 年、50 年一遇设计暴雨情景下各用地类型的典型子汇水区暴雨径流过程。各用地类型子汇水区在不同设计暴雨下的产汇流特征参数对比结果见表 8-4。

表 8-4　产汇流特征参数对比

特征参数	重现期	No.1 道路与交通设施用地	No.2 公园绿地	No.3 城市内居住用地	No.4 工业用地	No.5 公共服务与商业服务设施用地
地表径流量 /m³	5 年	885	462	981	465	1 164
	10 年	1 005	534	1 113	525	1 317
	20 年	1 122	600	1 239	597	1 464
	50 年	1 257	657	1 407	660	1 629
最大径流深 /m	5 年	0.77	0.28	0.44	0.39	0.44
	10 年	0.93	0.33	0.51	0.44	0.52
	20 年	1.05	0.37	0.59	0.48	0.57
	50 年	1.21	0.42	0.66	0.55	0.66
内涝持续 时间/min	5 年	105	15	60	20	40
	10 年	115	25	70	25	45
	20 年	120	30	75	25	50
	50 年	130	30	85	30	55

(1)各典型子汇水区响应共性

无论哪个用地类型,其产汇流过程与设计暴雨的响应关系都较为密切,随着暴雨强度的不断增强,各典型子汇水区产流过程开始快速起涨,一般发生在第 25～35 min,且起涨速度较快,一般在第 35～45 min 达到峰值,最大径流深一般持续 10～15 min。同一重现期暴雨下,道路与交通设施用地典型子汇水区(No.1)响应最为强烈,城市内居住用地(No.3)次之,公共服务与商业服务设施用地(No.5)和工业用地(No.4)的响应较为平均,公园绿地(No.2)的响应最弱,这与下垫面特征的差异性相一致。

相应地,比较各典型子汇水区的最大径流深,仍然是道路与交通设施用地(No.1)易涝点的最大径流深最大,且内涝持续时间最长,城市内居住用地(No.3)和公共服务与商业服务设施用地(No.5)最大径流深次之,公园绿地(No.2)最大径流深最小,相应内涝持续时间最短。对于 5 年一遇的设计暴雨,道路与交通设施用地最大径流深为 0.77 m,约为公园绿地最大径流深的 2.7 倍,约为城市内居住用地最大径流深的 1.75 倍,约为工业用地最大径流深的 2.0 倍,约为公共服务与商业服务设施用地最大径流深的 1.75 倍。不同用地类型区最大径流深对比情况如图 8-8 所示。

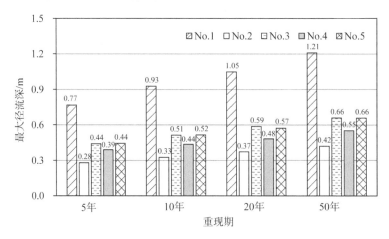

图 8-8 不同用地类型子汇水区最大径流深

(2) 不同设计暴雨情景下的最大径流深

由表 8-4 可得,各用地类型典型子汇水区随着设计暴雨重现期的增长,其地表径流量不断增加,最大径流深也不断增高。上述对于不同用地类型地块的横向比较中,以道路与交通设施用地的内涝受淹情况最为严重,该用地类型区域同样随着设计暴雨重现期的增长,相应产流量也在增加。对于不同重现期的设计暴雨,10 年一遇的设计暴雨量相对 5 年一遇的增加幅度是 11.1%,20 年一遇的设计暴雨量相对 5 年一遇的增加幅度是 21.2%,50 年一遇的设计暴雨量相对 5 年一遇的增加幅度是 33.3%。由于最大径流深是响应子汇水区产汇流过程的直接参数,所以将不同用地类型的子汇水区在不同设计暴雨下的最大径流深进行统计汇总,如图 8-8 所示。

以 No.1 为代表的道路与交通设施用地,在 5 年一遇设计暴雨下,该汇水区最大径流深为 0.77 m,相对该重现期而言,10 年一遇设计暴雨最大径流深的增加幅度是 20.8%,20 年一遇设计暴雨最大径流深的增加幅度是 36.4%,50 年一遇设计暴雨最大径流深的增加幅度是 57.1%。

以 No.2 为代表的公园绿地,在 5 年一遇设计暴雨下,该汇水区最大径流深为
0.28 m,相对该重现期而言,10 年一遇设计暴雨最大径流深的增加幅度是 17.9%,20 年
一遇设计暴雨最大径流深的增加幅度是 32.1%,50 年一遇设计暴雨最大径流深的增加
幅度是 50.0%。

上述数据说明,随着暴雨强度及雨量的增加,道路与交通设施用地对暴雨响应的速率
均高于公园绿地对暴雨增幅的响应速率,即间接反映了这两个下垫面条件的差异性造成的
产汇流响应的差异程度,且这一对比结果与上述共性分析中的对比结果相一致。其他典型
子汇水区对设计暴雨雨量及雨强的增幅的响应速率也较为明显,如图 8-9 所示。

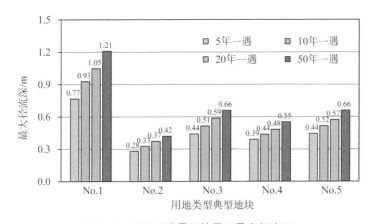

图 8-9　不同设计暴雨情景下最大径流深

8.4.3　区域交通影响分析

路面积水深度及其持续时间不仅能较好地反映区域内涝情况,也能表示交通受影响
程度。在实地踏勘主干街道路肩高度的基础上,参照相关规定[7],选用积水点地表径流
深不小于 20 cm 的持续时间为评价指标,进而根据《城市道路交通运行评价指标体系》
(DB11/T 785—2011),以 30 min 为阈值来判断区域道路交通堵塞的风险。

就核心区各用地类型地块而言,在四个不同重现期设计暴雨模拟情景下,随着设计
暴雨重现期的增长,各典型子汇水区积水点最大淹水深度不断加大,积水点的内涝持续
时间也不断增长。在现状下垫面透水率和现状排水能力条件下,不同设计暴雨各地块淹
没深度和持续时间呈现出一定的规律和特点。道路与交通设施用地、城市内居住用地、
公共服务与商业服务设施用地淹没深度大,内涝持续时间均在 30 min 以上,且以上三个
典型用地类型区人类活动频繁,车辆分布集中,现状条件下可谓逢雨必涝,存在较大的内
涝隐患。公园绿地、工业用地人口密度小,车辆数量分布较少,内涝隐患小。

通过对不同重现期设计暴雨进行纵向比较,同样以内涝持续时间最长的典型地块道
路与交通设施用地为例,经分析发现,积水漫过路肩导致机动车车门及排气管进水的持
续时间在不同重现期设计暴雨情景下均超过了 100 min,其中 5 年一遇的设计暴雨内涝

持续时间为 105 min,10 年一遇的设计暴雨内涝持续时间较前者多 10 min,20 年一遇的设计暴雨较 5 年一遇内涝持续时间多 15 min,50 年一遇的设计暴雨较 5 年一遇内涝持续时间多 25 min。不同设计情景下内涝持续时间统计结果如图 8-10 所示。

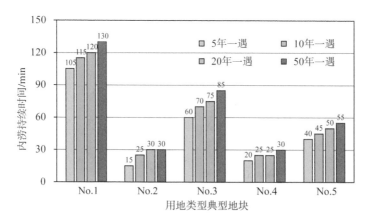

图 8-10 不同设计情景内涝持续时间统计结果

　　重现期为 5 年、10 年的设计暴雨会导致各用地类型区低洼区产生 20～30 cm 及以上的路面积水,重现期为 20 年、50 年的设计暴雨会导致各用地类型区产生 30～40 cm 以上的路面积水。公园绿地(No. 2)和工业用地(No. 4),其内涝持续时间均在 30 min 以内,对于该地区的城市交通,此设计情景会在一定程度上影响道路车辆流量和行驶速度,且存在一定的交通安全隐患;公共服务与商业服务设施用地(No. 5),其内涝持续时间为 30～60 min,对于该地区的城市交通而言,由于大量车辆在此期间为避让积水路段而绕道通行,进一步增大了非积水或内涝较轻路面的交通压力,影响城市快速路的正常通行,交通流量激增,个别机动车易因排水管进水出现故障,给市民带来不必要的经济损失和通行不便;道路与交通设施用地(No. 1)和城市内居住用地(No. 3)内涝持续时间均超过 60 min,在该情况下,需要对公共设施、机动车等采取适当的防护措施,以防雨水进入室内,影响公共设施、机动车等交通工具的正常使用,该情况容易导致交通道路、地铁、火车、飞机等大范围延误、停运甚至瘫痪,给人类的生命财产安全带来较大威胁。

8.5　多元消纳措施径流减控效果分析

　　根据研究区土地利用类型和空间分布(图 3-1),依据雨洪措施设计原理(详见4.1.1 节),考虑雨洪在横向、纵向和垂向不同空间的消纳作用,因地制宜地选择和布设生物滞留、透水铺装、下沉式绿地、植草沟、储水单元等措施(表 4-1),在亦庄核心区构建形成了多维度空间的多元消纳综合措施。本节采用 8.2 节构建的模型开展布设综合措施下的径流减控效果分析。

8.5.1 不同重现期设计暴雨特征分析

根据北京道路雨水管渠规划设计标准要求,结合核心区排水系统现状防洪标准和校核标准,将暴雨重现期设为 5 年、10 年、20 年和 50 年。依据室外排水设计规范和《北京市水文手册》[5],计算不同重现期的降水强度、总降雨量,进行过程分配,并选定较为常用的 6 h 作为设计暴雨历时,形成不同重现期的降雨过程[6]。为便于各重现期暴雨特性差异分析,以 5 年一遇降雨量、最大降雨强度为基本值,计算 10 年、20 年及 50 年一遇的设计暴雨量相对增加的幅度分别是 11.14%、21.17% 和 33.30%,最大雨强增幅分别是 11.24%、21.31% 和 33.28%(表 8-5)。

表 8-5 不同重现期设计暴雨特征参数

重现期/年	降雨量/mm	降雨量增幅/%	最大降雨强度/(mm/h)	最大雨强增幅/%
5	90.7	—	68.5	—
10	100.8	11.1	76.2	11.2
20	109.9	21.2	83.1	21.3
50	120.9	33.3	91.3	33.3

8.5.2 产汇流响应特征分析

模拟道路与交通设施用地、公园绿地、城市内居住用地、工业用地、公共服务与商业服务设施用地这 5 种用地类型的典型子汇水区的暴雨径流过程,反映不同下垫面条件对不同暴雨过程的产流响应程度。依据《城镇内涝防治技术规范》中行车道积水深度不超过 15 cm 的限定[7],借鉴侯精明等[8]积水深度在 10~25 cm 为中度内涝Ⅲ级的设定,并考虑到核心区路缘石 15~20 cm 的实际高度,选取地表径流深不小于 20 cm 作为判断内涝的临界值。各用地类型子汇水区在不同设计暴雨下的产汇流特征参数对比结果见表8-6。

表 8-6 产汇流响应特征对比

用地编号	模拟最大径流深/m				最大径流深增幅/%			内涝持续时间/min			
	5 年	10 年	20 年	50 年	10 年	20 年	50 年	5 年	10 年	20 年	50 年
No.1	0.48	0.57	0.64	0.72	18.8	33.3	50.0	60	65	70	80
No.2	0.14	0.15	0.17	0.19	7.1	21.4	35.7	0	0	0	0
No.3	0.32	0.36	0.41	0.45	12.5	28.1	40.6	35	45	55	60
No.4	0.39	0.43	0.46	0.52	10.3	17.9	33.3	20	25	25	30
No.5	0.36	0.41	0.45	0.51	13.9	25.0	41.7	30	35	40	45

注:"最大径流深增幅"以 5 年一遇设计暴雨情景下的径流深为基准值;"内涝持续时间"表示模拟径流深大于等于 20 cm 的持续时间。

（1）各典型子汇水区响应共性

无论哪个用地类型，其产汇流过程与设计暴雨的响应关系都较为密切：随着暴雨强度的不断增强，各典型子汇水区产流过程均开始快速起涨，在第 25～35 min 内的起涨速度达到最快，并在第 35～45 min 内均达到径流峰值。进一步对比分析各子汇水区的最大径流深和发生内涝持续时间可知，道路与交通设施用地（No.1）的最大径流深最大、内涝持续时间最长，城市内居住用地（No.3）和公共服务与商业服务设施用地（No.5）的最大径流深次之，公园绿地（No.2）的最大径流深最小，相应内涝持续时间最短。由此可见，区域下垫面的异质性造成区域产汇流过程响应的强弱差异较为显著。

（2）不同重现期暴雨的响应对比

就同一用地类型区而言，随着暴雨量级的增加，各区域最大径流深的增幅均相应增加。为突出差异性，选择内涝受淹情况最为严重的道路与交通设施用地（No.1）和最轻的公园绿地（No.2）为例进行对比分析。结果显示：10 年一遇、20 年一遇及 50 年一遇设计暴雨在 No.1 地块的最大径流深增加幅度分别是 18.8％、33.3％和 50.0％；而 No.2 地块的最大径流深增加幅度分别是 7.1％、21.4％和 35.7％。这也表明：无论哪个重现期暴雨径流过程，道路与交通设施用地对暴雨增幅的响应速率均高于公园绿地，同样反映了不同下垫面条件造成的产汇流响应的差异程度。

但是，随着重现期的增加，两典型用地的径流深增幅差也逐渐增大，即不同地块产汇流响应速率差值逐渐增加，间接说明了当重现期较大时，相比下垫面特性而言，暴雨强度及雨量影响区域产汇流的作用更加显著。由表 8-6 可知，其他典型子汇水区对设计暴雨降雨量及雨强的增幅的响应速率也较为明显。

对比表 8-6 可知，随着重现期增加，道路与交通设施用地、城市内居住用地和公共服务与商业服务设施用地的最大径流深的增幅梯度都比同期暴雨特征值的增幅梯度要大。这一结果间接说明，绝大多数用地类型地块对 5 年一遇的降雨径流过程有一定的下渗调蓄作用；而随着重现期增加，下垫面调蓄作用减弱，因此造成高重现期的径流深增幅高于同期暴雨特征值增幅的现象。

8.5.3　交通影响分析

由不同设计暴雨径流的内涝持续时间可知，随着重现期的增加，各子汇水区积水点的内涝持续时间都在不断增加。但在现状下垫面及排水能力条件下，无论哪种设计暴雨情景，道路与交通设施用地（No.1）、城市内居住用地（No.3）、公共服务与商业服务设施用地（No.5）内涝持续时间均在 30 min 以上，且 No.1 的最长，均超过了 60 min；而公园绿地（No.2）和工业用地（No.4）的内涝持续时间均在 30 min 及以下，No.2 的最小，都为 0。No.1 内涝持续时间显著的原因之一在于，其不透水率高达 90％，而 No.4 的仅为 65％；另一方面，No.1 点恰处于较低洼区域，且该汇水区狭长，产流后快速排入雨水井和主干排水管线，随着降雨量的累积，排泄压力不断增大，极易产生内涝积水且持续时间长的现象。

此外,结合人口密度和车辆分布调研资料可知,No.1、No.3 和 No.5 地块的人类活动频繁、车辆分布集中,现状条件存在较大的内涝隐患,交通堵塞风险较高;而 No.2 和 No.4 人口密度小,车辆数量分布较少,内涝及交通堵塞隐患相对低一些。鉴于 No.1 典型地块内涝的高风险,不仅影响绿色交通出行的非机动车及行人,而且自驾车辆出行为避让积水路段,势必绕道通行,自身交通堵塞的高风险将会转移到非积水或内涝较轻路段,甚至可能增加整个区域的交通堵塞风险,因此,根据暴雨预报,发布不同等级的交通预警信息,提前做好交通疏导等工作显得尤为必要。

8.6　平原型经济开发区应用案例研究结果分析

（1）在同一重现期设计暴雨条件下,道路与交通设施用地的产汇流响应最为强烈,公园绿地的产汇流响应强度最弱,即产流率、峰值最小,内涝持续时间最短。随着重现期的增加,不同类型用地所在子汇水区最大径流深均增加,但其增加变率不同,道路与交通设施用地的增加变率基本与设计暴雨量的增加变率保持一致。

（2）在多元雨洪消纳措施建设后,各用地类型区的持续淹没时间均有大幅下降,且内涝持续时间降幅均在 50% 以上。其中,5 年一遇的设计暴雨下工业用地、城市内居住用地的雨洪消纳措施效果最好,多元雨洪消纳措施的总体削减幅度会随重现期的增加而减低。

参考文献

［1］付潇然. 复杂下垫面城区多元雨洪消纳措施模拟研究[D]. 邯郸:河北工程大学,2016.

［2］BEDAN E S, CLAUSEN J C. Stormwater runoff quality and quantity from traditional and low impact development watersheds[J]. Journal of the American Water Resources Association, 2009,45(4):998-1008.

［3］张书函. 城市雨洪资源综合利用现状、问题及对策研究[C]. 北京:北京市水科学技术研究院,清华大学,中国水利经济研究会,2014.

［4］王雯雯,赵智杰,秦华鹏. 基于 SWMM 的低冲击开发模式水文效应模拟评估[J]. 北京大学学报（自然科学版）,2012,48(2):303-309.

［5］北京市水利局. 北京市水文手册(第一分册)——暴雨图集[M]. 1999.

［6］梅超,刘家宏,王浩,等. 城市设计暴雨研究综述[J]. 科学通报,2017,62(33):3873-3884.

［7］住房和城乡建设部,国家质量监督检验检疫总局. 城镇内涝防治技术规范:GB 51222—2017[S]. 北京:中国计划出版社,2017.

［8］侯精明,郭凯华,王志力,等. 设计暴雨雨型对城市内涝影响数值模拟[J]. 水科学进展,2017, 28(6):820-828.

第 9 章

平原型科技园区应用案例研究——未来科学城

9.1 北京未来科学城概况

9.1.1 自然地理

北京未来科学城位于北京市昌平区七北路高科技产业走廊最东端,且处在海淀区北部沿北清路高科技产业园区和昌平区七北路产业集聚发展带到顺义区临空产业集聚区的金十字走廊上。核心区域规划占地面积约 10 km²,东临京承高速路,距离首都机场约 10 km;西靠北七家镇中心区和立汤路,距中关村生命科技园约 12 km;南距北四环 15 km;北部与北六环相邻,详见图 9-1。

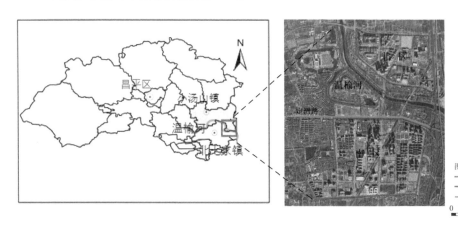

图例
— 研究区域排水系统
— 研究区域分区
— 定泗路

0 3 6 12 18 24
km

图 9-1 研究区域位置示意图

9.1.2 地质地貌

未来科学城地貌类型为温榆河冲洪积扇平原,地形南高北低,海拔在 27～40 m,自然坡度 1%,地势较为平坦开阔。地层岩性在平面和垂向空间变化较大,总体以黏性土、粉土、砂土与碎石土交互沉积层为主,地下 10 m 范围内以粉质黏土、黏质粉土为主,偶有砂质粉土或者细砂,土壤渗透性不良,粉质黏土渗透系数为 0.005 m/d,砂质粉土渗透系数为 0.3 m/d。地下水由浅部潜水层及深部多层承压水层组成,并以深部多层承压水层为主。浅部(在地面以下 20m 深度范围内)潜水含水层主要由粉土层与少量砂土层组成,含水层厚度较薄。地下水第一层埋深较浅,在 0.5~3.2 m,近 3~5 年地下水埋深为 0.5~2.5 m。

9.1.3　水文气象

区域所在气候类型属于温带大陆性季风气候,春季多风、夏季多雨、冬季晴燥,冬夏两季气温变化较大。未来科学城位于温榆河流域内,多年平均年降水量为 564.3 mm(1956—2021 年),降水不仅年际变化大(图 9-2),年内变化也极不均匀,多集中在每年的 6—9 月份,汛期的降雨量约占全年的 84%。其中,7 月份的降水量最大,约占年降水量的 32%。一旦发生极端降雨,区域上游洪水会造成河水水位上涨,使区域内部分雨水难以及时排放到温榆河,极易形成内涝。根据北京市历史洪涝灾害风险分布[1]来看,区域位于洪涝灾害风险发生频率较高地区,具有代表性。

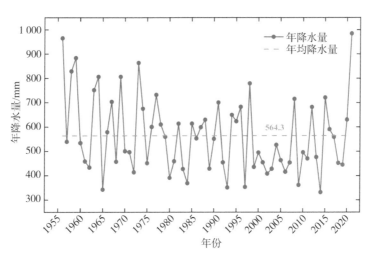

图 9-2　昌平区年降水量多年变化情况

9.1.4　土地利用

研究区域属于新建城区,用途定位服务于入住央企研发和创新服务设施建设。规划后主要用地类型包括:公共设施用地、多功能用地、绿地、居住用地、道路广场用地、市政公共设施、水域共 7 种用地性质,规划区域各用地类型占比如表 9-1 所示。

表 9-1　未来科学城各用地类型及面积占比

用地类型	面积/ha	百分比/%
公共设施用地	277.83	27.12
多功能用地	45.47	4.44
绿地	345.29	33.71
居住用地	55.42	5.41
道路广场用地	189.29	18.48
市政公共设施	17.9	1.75
水域	93	9.08

9.1.5　研究区选择

结合区域的雨水控制利用目标,未来科学城共划分为 2 类 6 个雨水利用区域,位于园区中部和沿京承高速公路一侧的公共绿地为雨水零排放区,包括北部雨水零排放区、滨河雨水零排放区、京承雨水零排放区;开发建设区域为雨水控制排放区域,包括北部雨水控排区、西南部雨水控排区、东南部雨水控排区。

为方便研究,以温榆河和定泗路(政府街)为界分为南北两区:北区即北部雨水控排区,位于小汤山镇东南部,占地 219 ha;在北七家镇内的西南部、东南部雨水控排区统称为南区,占地 446 ha;两区之间核心绿地即雨水零排放区,338 ha。由于本书关注的是城市洪涝,故选择区域内雨水管网覆盖的北区、南区且以北区为重点开展模拟研究。

9.2　模型基础数据收集与处理

9.2.1　模型选择

由于仅收集到研究区管网系统基础数据、地区规划文本资料以及实地调研资料,建模数据基础较为薄弱,难以构建二维地表淹没模型。在对比分析不同雨洪模型特点基础上,鉴于 MIKE Urban 模型具有强大的城市水循环及相关过程模拟能力[2],可执行有压管网水力和水质特性静态及延时模拟,选择该模型开展未来科学城的城市洪涝模拟研究。MIKE Urban 模型拥有 MOUSE(Modeling of Urban Sewer)和 SWMM 两个排水计算引擎供用户选择。其中,MOUSE 引擎是 DHI 于 1984 年开发研制的城市暴雨径流模型,主要模块包括:降雨入渗模块、地表径流模块、管流模块、实时控制模块和泥沙传输与水质模块等。在此,选择 MOUSE 模块为工具开展模拟。借助 MIKE Urban 模型的 MOUSE 模块,可模拟分析研究区任何类型的自由表面流和管道压力流交替变换管网[3],有助于分析管道填充程度对管道流量的影响,并基于 ArcGIS 平台可视化显示管道流量模拟结果,进而解析得出区域管网系统的瓶颈。

9.2.2　数据需求

根据《城镇内涝防治系统数学模型应用技术规程》,基础数据的输入、模型参数的选取和边界条件的设置,应能反映研究区域内涝防治系统的规划条件和实际情况。研究区域暴雨洪水内涝风险评估模型构建的数据需求及用途如表 9-2 所示。

表 9-2　模型数据需求及用途

类别	数据名称	详细内容	用途
基础数据	下垫面数据	土地利用状况(建筑物、绿地、裸地、道路等)、土地渗透性能	分析汇水区不透水比例、洼地蓄积量等参数
	数字高程数据(DEM)	地表高程信息	用于区域地形参考、划分集水区,提取集水区坡度等属性
	土地利用规划图	城市总体规划或详细规划的土地利用规划图	用于规划模型集水区的划分与参数的设定
	规划区域地形图	城市总体规划或详细规划的地形图	用于规划模型的区域地形参考、划分集水区,提取集水区坡度等属性
	规划文本	城市总体规划或详细规划的文本资料	用于设定规划情景下的模型相关参数
	排水管网数据	节点(检查井、雨水口、排放口、闸、阀、泵站、调蓄池)、管线(排水管、排水渠)的现场测绘数据	构建管网拓扑关系,建立排水过程的产汇流关系模型
	监测数据	管网液位监测数据、管网流量监测数据	用于模型参数的率定和验证
气象数据	降雨数据	降雨强度、降雨量、降雨历时	用于确定模型的降雨过程曲线

9.2.3　数据处理

主要是对基础数据进行收集、检查和校核,通过实地调研走访和谷歌卫星影像数据等,评估基础数据的准确性和完整性,借助 ArcGIS 建立基础数据数据库,主要包括:排水系统数据库、地表高程数据库、下垫面类型数据库、降雨-径流监测数据库、设计暴雨数据库等。

1. 土地利用和地表构筑物识别划分

下垫面数据主要来源包括测绘地形图、土地利用现状图或规划图等。根据实地调研,区域部分规划尚未实施,需利用高分辨率的航拍图、卫星数据、遥感影像数据等资料,在同一坐标参考系下与排水管网数据进行空间叠加,依次计算集水区下垫面参数。

根据研究区域规划前后土地使用功能划分图,结合实际调研情况,在 Google Earth 中借助卫星影像数据,对研究区域的范围和范围内的现状建筑物、绿地、裸地、道路进行识别和勾划,现仅以北区为例进行说明(图 9-3)。根据未来科学城控制性详细规划城市建设控制图则,仅对研究区域范围内的用地类型划分为三类,主要分为教育科研用地(红黄区域)、市政公共设施用地和商业金融用地(紫色区域)和公共绿地等,仅从规划图纸上难以对现实状况进行刻画。通过实地调研走访对研究区域建成情况进行核实,对未开发的裸地地块进行核实。由于研究区域范围内多以科研用地为主,厂区占地面积较大,对于厂区内的实际情况不能充分的了解,借助卫星影响数据对研究区域范围内的建筑物、绿地、裸地、道路等进行识别和勾划,对于重叠区域借助 ArcGIS 工具进行处理,处理结果如下图所示。

根据 Google Earth 卫星影像数据,如图 9-3 左图红框所示,识别研究区域下垫面类型,如图 9-3 右图所示,其中建筑物为红色斑块,绿地为绿色斑块,裸地为蓝色斑块,道路为灰色斑块。在 Arcmap 中对于斑块之间重合区域进行擦除处理,对于研究区域范围内除上述四种类型以外的区域进行分离,将其命名为其他斑块,完成对上述五种下垫面类型的独立划分,以满足建模需要,主要包括:MIKE URBAN 中子汇水区内不同下垫面类型的不透水率识别和地表二维模型构建。

图 9-3　北区土地利用数据识别与划分

其中,子汇水区的不透水率可通过子汇水区内的土地利用类型比例获得。根据《土地利用现状分类》(GB/T 21010—2017),土地利用现状共分为 12 个一级类,57 个二级类,给出了不同土地利用类型的不透水率的典型取值,具体取值需根据研究区实际情况而定。集水区的不透水率计算公式如下式所示:

$$P = \frac{\sum_{i=0}^{n} P_i A_i}{\sum_{i=0}^{n} A_i} \tag{9-1}$$

式中:P 为集水区的不透水率,%;P_i 为不同土地利用类型的不透水区率,%;A_i 为不同土地利用类型的占地面积,m^2。

由于研究区域属于科技园区,通过 Google Earth 识别研究区域的土地利用类型,主要用于区分透水区域和不透水区域,透水地表主要是降雨时发生大量入渗过程的地面,主要为有土壤覆盖的地表,此外都归类为不透水地表。在对研究区域进行多次实地调查后,确定研究区域范围内的透水地表多以绿地和裸地为主,城市绿地主要包括园林绿地、街头绿地、道路绿地、居住区绿地、交通绿地、风景区绿地、专用绿地和生产防护绿地等[4]。裸地主要为各类闲置土地和建筑工地,并且由于研究区域范围内没有农业用地,本次研究中并不包括农业用地。除上述绿化用地和裸地外,都归为不透水区域,主要包括各种措施道路、屋顶、广场、小区非绿化庭院及停车场等。

本次研究对研究区域范围内透水地表中的树木和草坪未做特别区分,统一勾划并提取为绿化用地。通过实地调查和 Google Earth 影像识别,确定建筑用地和闲置土地的范围和位置,统一勾划并提取为透水地表-裸地。对于其余不透水路面、建筑物等,通过勾划道路图层,对道路图层做单独处理,将道路图层以外的区域另作单独图层处理。其他用地均采用地表高程插值数据,在此高程基础上,分析该区域暴雨期间的降雨径流特征等。

2. 排水系统数据处理

根据研究区雨污水排除、雨水控制利用等相关规划,基于 MIKE Urban 软件 MOUSE 模块,在已有规划报告和数据资料的基础上,合理的整理修改和充分利用管网、高程等基础数据资料,建立该地区的雨水排除系统模型,并通过项目检查工具对管网模型的数据结构和属性值逐一检查,以确保模型的正确性[5]。

由于研究区域是平原区,且大型企业、社区等大规模城市占地,仅凭 DEM 和规划图,子汇水区内汇流方向及汇流节点的准确性不保证,需进一步实地调研。经过踏勘,结合雨水控制利用规划布局图,充分考虑围建区域周边路段的雨水井和雨水管段,在模型中对子汇水区与汇流雨水井的连接方式根据不同情况进行处理:

第一步:管网数字化。

对雨水管网系统进行了划分。不考虑各分区之间地表二维流的交互作用,以雨水管网分区界线为虚拟流域边界线,作为分区控排的界定,为子汇水区的精细划分奠定基础。

根据研究区域内雨水控制利用规划布局,考虑地表汇流、管网汇流方向以及管网出水口布设情况,对研究区域雨水管网进行系统分区,将南区雨水管网分为 A、B、C、D 四个系统,北区分为 E、F、G 三个系统,其中,A、B 和 E 系统的雨水排入温榆河及其故道,C 和 D 系统的雨水排入鲁瞳西沟;F 系统的雨水排入规划土沟排水渠,G 系统的雨水排入现状京承高速路过路涵洞。

使用项目检查工具对管网拓扑结构和集水区连接情况进行检查,并根据检查结果进行逐一修改,确保模型的正确性和稳定性。未来科学城雨水排除系统拓扑结构如图 9-4 所示。

第二步:子汇水区划分。

在分区基础上,进一步进行子汇水区划分。针对南北区雨水管网密度分布的不同,

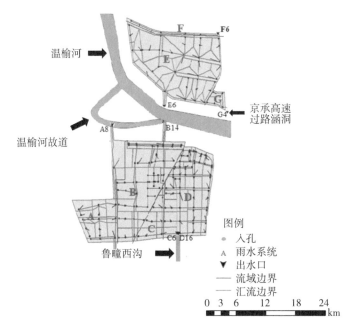

图 9-4　北京未来科学城雨水排水系统概化（A—G 为分水管网系统）

开展差异化划分。

（1）对于管段布设稀疏的区域（北区），采用泰森多边形方法，进行子汇水区的划分，并结合实地调研获取的产汇流及排水情况，进行局部调整，汇流节点的选取以距离子汇水区中心最近的雨水井作为汇流雨水井。

（2）对于管段布设密集的区域（南区），根据地面高程和实地调研情况，结合管道走向、街道及区域内建筑物分布情况和调研获取的实际排水情况，进行子汇水区的划分细致，并指定该类子汇水区的汇流雨水井及汇流方向。

第三步：高程数据检查和校核。

根据研究区域外部雨污水排除规划文本，把研究区域内雨水排除系统的雨水井设为节点，对节点和管网等基础数据进行数据整理和数字化处理检查，主要是对雨水井管底标高和连接管段的上下游高程数据进行统一整理、校核，以免模型报错。

最终，经概化和数字化构建，节点个数共计 204 个：北区 50 个、南区 154 个；其中，出水口 7 个：北区管网出水口 3 个，分别为 E6、F6、G4；南区管网出水口 4 个，分别为 A8、B14、C6、D16。雨水管线：北区雨水管段 47 段，管线长 13 060 m；南区雨水管段 150 段，管线长 33 240 m，区域管线总长 46 300 m。根据研究区域内雨水管网系统分区以及雨水控制利用规划布局，区域汇水区划分：北区划分为 32 个子汇水区，汇水区面积为 214.60 ha，南区划分为 59 个子汇水区，汇水区面积为 439.93 ha。共计 91 个子汇水区域，总汇水面积为 650ha，覆盖雨水管网所能控制的汇水区域。未来科学城雨水排除系统概化及汇水区概化结果如表 9-3 所示。

表 9-3　未来科学城雨水管网概化统计

区划	南区					北区				总计
	A	B	C	D	小计	E	F	G	小计	
节点数/个	18	58	11	67	154	38	6	6	50	204
管段数/个	17	57	10	66	150	37	5	5	47	197
管段长度/m	6 410	12 110	2 500	12 220	33 240	10 200	1 870	990	13 060	46 300
子汇水个数/个	14	14	6	25	59	25	4	3	32	91
控排面积/ha	94.26	157.9	43.64	144.12	439.93	192.27	16.11	6.22	214.6	654.52

9.3　模型率定和验证

开展模型参数率定验证的主要目的是提高模型精度,尽量降低模型模拟值与实际值的相对误差,提高二者之间的拟合程度[6]。对模拟值与实际值误差较大的验证点不断进行参数的调整,直至所有校验点的模拟值与实测值最接近,从而提高模型在此研究区域的模拟精度。

在参数率定和验证过程中,模型参数可分为总量控制参数(主要考虑各种损失)和汇流控制参数,其中径流模型的建立采用时间/面积曲线模型(T-A 模型),其中的总量控制参数:不透水面积比(%)、初损(mm)、水文衰减系数;汇流控制参数:集水时间 TC(min)、汇流的时间面积曲线。管流模型的建立采用动力波圣维南方程组,主要影响参数为管道曼宁系数。

由于实测数据资料有限,本研究结合 MIKE Urban 主要影响参数少,便于率定的优点,选取较为简单的时间/面积曲线模型对径流进行计算,采用 Saint-Venant 方程组的动力波形式进行管流计算。对于缺乏实测降雨径流资料的新建城区,首先采用实测北京(图 9-5),以综合径流系数作为校核目标对模型参数进行经验率定[7],再采用管道水力计算公式对模型模拟结果中排水口最大流量进行公式检验,对模型参数进行进一步调整;通过实际调研的方式获取典型验证点的 2012 年"7·21"暴雨(图 9-6)积水淹没深度与模型模拟径流深进行比较,对参数进行最终率定和验证,证明模型的可靠性。

9.3.1　经验率定

径流系数的计算,通常按照地面各类别进行平均加权计算一般单一汇水区的平均径流系数,但对于更为复杂的区域[8],城市区域的综合径流系数可查阅室外排水设计手册确定,其综合径流系数的取值可参考表 9-4 来选取。

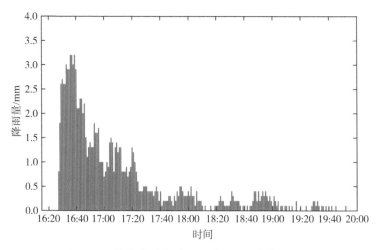

图 9-5 北京典型实测 2011 年"6·23"暴雨过程

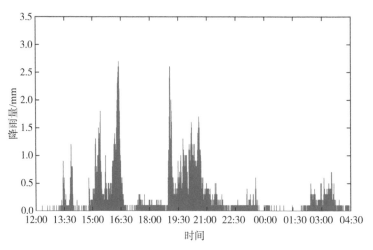

图 9-6 北京典型实测 2012 年"7·21"暴雨过程

表 9-4 城市综合径流系数的取值

区域类型	径流系数
建筑稠密区(不透水面积≥70%)	0.60~0.80
建筑较密区(不透水面积 50%~70%)	0.50~0.70
建筑较稀区(不透水面积 30%~50%)	0.40~0.60
建筑很稀区(不透水面积<30%)	0.3~0.50

通过 MIKE Zero 对北京典型实测 2011 年"6·23"暴雨资料进行处理,生成 623.dfs0 降雨输入文件[5]。整个暴雨过程降雨量分别为 121 mm,降雨历时为 10 h,以此作为模型降雨边界条件,通过加载累计雨量模拟结果,计算各子汇水区在此次降雨过程中的径流系数。根据研究区域规划方案和实地调研情况,对建筑物、绿地、裸地、道路、其他用地等各用地类型的不透水率进行赋值,通过加权平均得出研究区域内的不透水面积

约为 48%,通过加权平均求得整个研究区域的综合径流系数为 0.434。不透水面积相应城市综合径流系数取值范围是 0.40~0.60,模拟计算结果与该取值范围较为吻合。典型降雨综合径流系数统计如表 9-5 所示。

表 9-5 综合径流系数统计

分区	研究区域面积/ha	不透水面积比/%	2011 年"6·23"暴雨径流综合系数
北区	370.74	45	0.404
南区	439.93	50	0.449

9.3.2 公式检验

在经验率定的过程中,由于缺少子汇水区内各产业园区下垫面资料,对子汇水区内部情况刻画的不够充分,只是对径流总量和汇流控制参数进行了设定,对整个水文响应过程在时间和空间上的考虑略显不足,忽略了园区内部人类活动及微地形对水文过程的影响,致使模型模拟过程比实际产汇流过程中的产流时间快、汇流时间短、产流量和汇流水量偏大,导致管网出口流量结果偏大,为缓解上述情况,根据模型模拟结果,采用管道水力学公式对管道出口最大流量进行公式检验,进而实现对模参数的进一步率定。

根据管道模拟结果,北区所有管段均未出现满流情况,通过模拟结果中管段最大充满度,查阅表 9-6,采用线性差值方法,查得圆形管段过水断面面积 A 和水力半径 R 值,管道的管径 d、底坡 i 和粗糙系数 n 根据管道实际情况和上下游高程以及材质确定。根据《水力学》相关知识可知,矩形管段过水断面面积 A 及水力半径 R 可由式(9-2)和式(9-3)计算得出,再采用管道无压流的水力计算公式(9-4)对主要排出口连接管段最大流量模拟值进行调整,对模型参数进行公式检验和进一步的调整。

表 9-6 不同充满度的圆形管道的水力要素(d 以"m"计)

充满度	过水断面面积	水力半径 R	充满度	过水断面面积	水力半径
0.05	$0.0147d^2$	$0.0326d$	0.55	$0.4422d^2$	$0.2649d$
0.1	$0.04d^2$	$0.0635d$	0.6	$0.492d^2$	$0.2776d$
0.15	$0.0739d^2$	$0.0929d$	0.65	$0.5404d^2$	$0.2881d$
0.2	$0.1118d^2$	$0.1206d$	0.7	$0.5872d^2$	$0.2962d$
0.25	$0.1535d^2$	$0.1466d$	0.75	$0.6319d^2$	$0.3017d$
0.3	$0.1982d^2$	$0.1709d$	0.8	$0.6736d^2$	$0.3042d$
0.35	$0.245d^2$	$0.193d$	0.85	$0.7115d^2$	$0.3033d$
0.4	$0.2934d^2$	$0.2142d$	0.9	$0.7445d^2$	$0.298d$
0.45	$0.3428d^2$	$0.2331d$	0.95	$0.7707d^2$	$0.2865d$
0.5	$0.3927d^2$	$0.25d$	1	$0.7854d^2$	$0.25d$

注:在此"d"并非常数,随着管径不同数值有所差异。

$$A = bh \tag{9-2}$$

$$R = \frac{bh}{b + 2h} \tag{9-3}$$

$$Q = AC\sqrt{Ri} \text{ 或 } Q = \frac{A}{n}R^{2/3}i^{1/2} \tag{9-4}$$

式中:b 为矩形断面宽度,m;h 为水面高度,m;Q 为出口最大流量,m^3/s;A 为过水断面面积,m^2;R 为水力半径,m;i 为底坡,%;n 为管道粗糙系数。

通过水力学公式法对管道流量进行调整和计算,主要排出口连接管段最大流量模拟值调整结果如表 9-7 所示。

可知,模型模拟值和水力学公式计算值的相对误差均在 25% 的误差允许范围内,且仅南区 G3—G4 排水管段相对误差较高(24.96%),B13—B14 排水管段相对误差 15.53%,其余相对误差值均低于 15%。在无现场实测流量资料的前提下,通过此法进行参数的自我优化,降低模型模拟结果与实际情况的偏差,可相应提高模型模拟精度以及模型参数的适用性。

表 9-7 排水口连接管段最大流量调整结果

排水口	A7-A8	B13-B14	C5-C6	F5-F6	G3-G4
管段最大充满度 a	0.307	0.806	0.803	0.692	0.505
管径 d/m	4×3	3.4×2.3	2.0	1.2	1.1
过水断面面积 A/m^2	3.684 0	6.302 9	2.703 5	0.834 8	0.481 2
水力半径 R/m	0.630 6	0.886 8	0.608 3	0.353 9	0.276 6
底坡/%	0.23	0.06	0.06	0.08	0.06
计算值 Q_{max}/(m³/s)	9.994 1	10.961 9	3.657 1	0.908 7	0.384 9
模拟值 Q_{max}/(m³/s)	11.226	12.664	4.118	0.989 0	0.481 0
相对误差/%	12.33	15.53	12.60	8.84	24.96

9.3.3 实地查勘

以往的验证过程多以验证点降雨径流过程的实测值和模拟值进行比较[2],而本研究由于缺少实测径流要素过程,只能借助实际踏勘调研,获暴雨内涝过程中典型地点最大淹没深度,并与模拟相关结果比较,完善模型参数的率定过程[10]。虽然此法缺少对整个降雨产汇流过程的控制,但基于上述经验率定和水力学公式检验后,可再通过典型验证点实测最大淹没深度和模拟径流深比较验证,再次率定参数,可进一步提高模型模拟精度。

　　实地查勘校验模型参数,区域验证点的选择至关重要。调研验证点初选阶段主要针对地表汇流节点、道路交叉点、管段汇流点、地面高程较低点、出水口等容易积水的特征点。在进一步筛选过程中,按照以下原则:①遵循分区控排理念,结合未来科学城雨水控制利用相关专项规划中的雨水井地面高程资料,通过分析雨水井地面高程数据,确定路面低洼地带即地势低洼易积易涝点;②可先根据暴雨资料进行粗略模拟,初步确定管网负荷程度较高的管段及节点位置;③根据实际调研和踏勘时的内涝淹没情况,对验证点进行甄选。此法减少了实际调研过程中验证点选取的盲目性,降低了模型参数率定过程的难度,提升参数率定效率,为实现模型参数的率定和验证奠定良好基础。遵循上述选择,最终选择了 A5-6、B6、B12、B10-6、D5、D9、E9、E5-2、G3 为验证点,其对应位置如图9-7 所示。

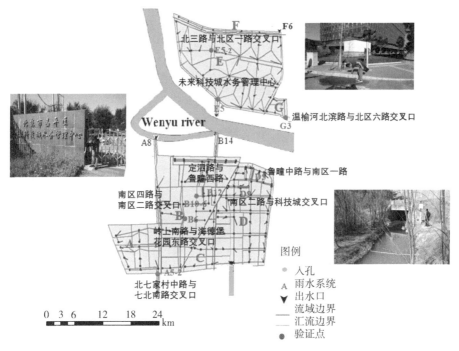

图 9-7　验证点位置示意图

　　通过询问当地居民和调查积水淹没痕迹,了解 2012 年“7・21”暴雨对当地的影响,最终汇总得出以下调查结果,城区范围内无明显积水现象,主要的积水路段最大积水深在 10~20 cm,与模型模拟最大径流深 12 cm 较为吻合,由此可以证明模型参数设定较为合理,模型主要参数率定结果如表 9-8 所示,率定过程如图 9-8 所示。

表 9-8　模型参数的率定结果

参数 类型	参数 名称	相关描述	取值范围	参数率定结果
总量 控制	降雨初损/mm	集水区初始含水量	0.5～1.5	0.6
	水文衰减系数	与不透水比例有关	0.6～0.9	0.9
汇流 控制	地表径流平均流速 $v/(m/s)$	从流域最远端到流 域出口所需的时间	0.25～0.30	0.3
	管道曼宁系数 $(M=1/n)$	管道糙率	$M=5\sim75(m^{1/3}/s)$ 或 $n=0.009\sim0.017$	75 或 0.013

　　进一步的,对北京典型实测 2011"6·23"的暴雨径流过程进行实地踏勘和调研,据当地居民反映,此次降雨对该地区造成影响较小,道路无明显积水情况。由模型模拟的综合径流系数 0.434 以及子汇水区径流系数和累积雨量算得平均径流深为 5.24 cm,就研究区域内管网排水能力,此地降雨不会造成明显影响,模型模拟结果与验证点的实际调研情况相符,进一步验证了模型的可靠性。

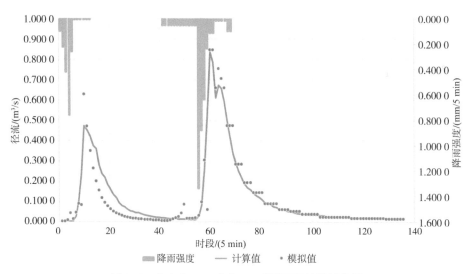

图 9-8　北京市 2012 年"7·21"暴雨径流模拟结果

　　综合以上三种方法对 MIKE 模型进行了校准和验证,结果表明该模型在未来科学城具有较好的区域适用性。采用该率定模型就不同重现期下北区地表淹没情况以及整个区域雨水管网的负荷情况开展研究。

9.4　区域暴雨地表淹没分析

9.4.1　设计暴雨情景

　　根据北京市《城镇雨水系统规划设计暴雨径流计算标准》(DB11/T 969—2016)中北

京市暴雨分区。结合北京市地形特征,通过对全市最大 1 h 降雨量分布特征的研究,表明北京市西北部降雨强度小于全市平均值,因此,以最大 1 h 降雨量等值线将北京划分为 Ⅰ区、Ⅱ区两个暴雨分区。考虑实际应用的可操作性,每个暴雨分区以镇级行政区作为基础规划单元,对于跨暴雨分区的乡镇,以乡镇政府所在地的具体位置确定乡镇所属暴雨分区。研究区域未来科学城位于北京暴雨分区第Ⅱ区。

根据北京市《城镇雨水系统规划设计暴雨径流计算标准》(DB11/T 969—2016)中以北京市水文手册设计暴雨图集确定的时段降雨量推求的设计暴雨过程,可用于城镇涝水汇流计算及排涝河道设计流量计算。Ⅱ区观象台站站址处 3 年、5 年、10 年、20 年、30年、50 年、100 年一遇设计暴雨过程最大 24 h 设计暴雨量如表 9-9 所示。未来科学城位于的暴雨第Ⅱ分区观象台站站址处设计暴雨过程如图 9-9 所示。

表 9-9　北京地区典型降雨量资料

重现期	最大 24 h 降雨量 /mm	区域附近气象站最大 24 h 设计暴雨量/mm
3 年	108	116.49
5 年	141	150.75
10 年	209	208.97
20 年	270	264.99
50 年	350	339.85
100 年	416	409.91

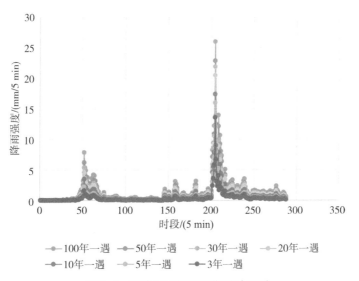

图 9-9　研究区不同重现期设计雨型

9.4.2　地表淹没情势

将不同重现期设计暴雨过程输入模型,可得区域不同重现期设计暴雨最大积水深度(H),本研究重点以北区为例开展研究分析,其分布情况如图 9-10 所示。计算网格为 5 m。

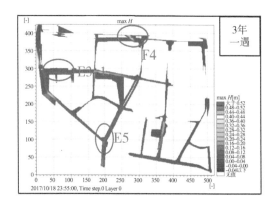
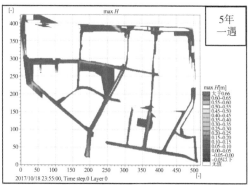
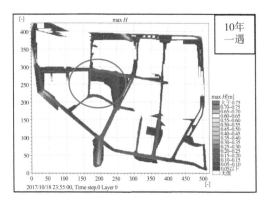
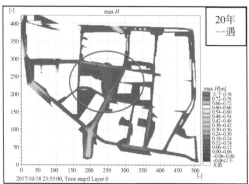
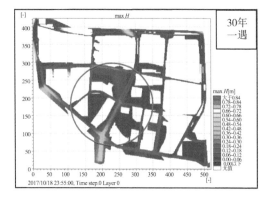
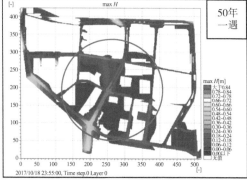

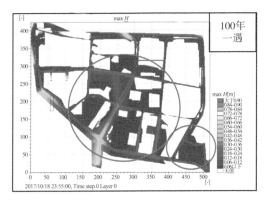

图 9-10　北区不同重现期设计暴雨过程最大积水深分布情况

考虑城市洪涝对道路交通影响,进一步对不同最大淹没水深进行统计,以马路牙高 0.15 m 作为第一分界点;当积水深度超过 0.5 m 时会严重影响出行,导致汽车熄火,故以 0.5 m 作为第二分界点。对不同重现期设计暴雨最大淹没水深进行二次分类统计,如表 9-10 所示。为进一步分析,以 3 年一遇为基准,其他重现期年份最大淹没网格数与其之比,统计结果如表 9-11 所示。

表 9-10　北区不同重现期设计暴雨最大淹没积水深分类统计

淹没水深	3 年一遇	5 年一遇	10 年一遇	20 年一遇	30 年一遇	50 年一遇	100 年一遇
$H<0.15$ m	28 204	32 815	36 186	45 663	54 108	56 866	62 102
$0.15<H<0.50$ m	1 432	2 737	5 929	10 067	12 610	13 759	16 739
$H>0.5$ m	4	17	72	202	538	1 050	1 853
小计	**29 640**	**35 569**	**42 187**	**55 932**	**67 256**	**71 675**	**80 694**
最大淹没水深/m	0.549	0.667	0.795	0.837	0.867	0.887	0.926
平均淹没水深/m	0.046	0.057	0.074	0.078	0.085	0.093	0.102

表 9-11　北区不同重现期设计暴雨最大淹没积水深网格数统计分析

淹没网格数比值	5 年/3 年	10 年/3 年	20 年/3 年	30 年/3 年	50 年/3 年	100 年/3 年
$H<0.15$ m	1.16	1.28	1.62	1.92	2.02	2.20
$0.15<H<0.50$ m	1.91	4.14	7.03	8.81	9.61	11.69
$H>0.5$ m	4.25	18.00	50.50	134.50	262.50	463.25
淹没总网格数	1.20	1.42	1.89	2.27	2.42	2.72
最大淹没水深/m	1.21	1.45	1.52	1.58	1.62	1.69
平均淹没水深/m	1.24	1.61	1.70	1.85	2.02	2.22

根据表 9-10 及图 9-10 和图 9-11 可知:

(1)随着设计暴雨重现期的增大,淹没范围逐渐扩大。

随着设计暴雨重现期的增大,地表淹没网格数逐渐增大。当设计暴雨重现期未超过5年一遇时,北区地表积水网格数未超过20个,平均积水深在0.05 m左右,积水现象不明显。当设计暴雨重现期为10年一遇时,积水网格数未超过100,区域积水现象仍处于可控状态。当出现超10年一遇设计暴雨时,积水网格数骤增,淹没深度超过0.5 m的积水范围迅速变大,区域积水内涝风险成上升趋势。

随着重现期的增加,淹没深度$H<0.15$ m、$0.15<H<0.5$ m之间和$H>0.5$ m的网格数均呈现增大趋势。由3年一遇基准的其他年份最大淹没网格数倍比情况(表9-11)可知,100年一遇最大淹没网格数是3年一遇的2.72倍,而平均积水深同样是其的2.72倍。其中$H>0.5$ m时,100年一遇的最大淹没网格数与3年一遇的倍比关系最为突出,高达463.25倍,说明$H>0.5$ m时不同重现期的淹没情况的差异化最为显著。

(2)随着设计暴雨重现期的增大,淹没范围由道路及低洼向绿地及周边扩展。

结合图9-10,不同地表淹没深度的范围为:①$H<0.15$ m的淹没区域为道路及沿线和部分低洼地区;②$0.15<H<0.5$ m之间的淹没区域,主要在为道路沿线及低洼地带;③$H>0.5$ m的积水内涝区域以地势低洼及其周边区域为主。

分析可知,图中绿黄红色区域为最大积水深度较高区域,主要分为三个区域排水分区F的中部节点F4附近区域、排水分区E的节点E3-1和E5附近区域。其中节点F4和节点E3-1附近区域,由于地势较周围低洼,最大积水深度较高,对于E5附近区域,绿黄红色区域较以上两点附近区域大,原因在于其位于排水分区E的流域出口附近,且地势较其上部低,地表汇流水量较多,所以积水深度较其他区域大。出现最大积水深度的范围也相对较广。

总结得出,当设计暴雨重现期由3年一遇向100年一遇变动时,积水淹没范围由道路向道路沿线、低洼地带向周边区域扩散。研究区域的上部(北部)淹没范围以道路及其沿线为主,中下部(南部)先是以道路及其沿线积水淹没,随着重现期的增大,积水淹没范围逐渐向周边裸地和绿地扩散。

(3)随着设计暴雨重现期的增大,地表最大淹没水深的增速逐渐增大,进而逐渐缓慢。

如表9-10所示,当设计暴雨重现期未超过10年一遇时,最大积水深度的变化较快,最大积水深度超过10 cm的增长;当超过10年一遇时,最大积水深度的变化幅度减缓,主要原因在于各别积水点地势低洼当最大积水深超过某一阈值时,该网格节点与临近网格节点产生流量交换,积水深度增长变缓。同时表明随着设计暴雨重现期的增大,区域积水内涝高风险区域也逐渐变大。

结合表9-11所示,当重现期超过20年一遇时,最大积水深度均超过3年一遇的1.5倍。而平均淹没水深在10年一遇时,就以达到3年一遇的1.5倍,且最大淹没水深比和平均淹没水深比均随着重现期的增大而增大,区域积水内涝风险也随着增大。

进一步结合图9-10并对比下垫面概化图可知,地表积水点或区域多出现在某些道路路段及沿线区域、部分裸地区域,地势低洼绿地区域等,主要集中在研究区域的中下部 F4 附近区域和右下部 G 排水分区。随着设计暴雨重现期的增大,中下部的裸地及部分绿地逐渐被淹没,由于部分裸地处于规划前待开发状态,地势相对北部区域较为低洼,均处于排水分区流域出口附近区域,由于汇流水量较大,最为容易出现积水内涝现象。

对于中下部,由于区域内积水在地形因素的作用下,向地势较低的中下部流动,使得中下部裸地和部分绿地区域,随着重现期的增大,积水范围逐渐扩大,积水深度也随之增大。当重现期小于 30 年一遇时,积水范围以道路及其沿线为主,当重现期大于 30 年一遇时,积水范围漫延到道路周边的绿地和裸地区域。对于右下部区域,该区域以道路和裸地为主,在地形因素的作用下,水流向流域出口汇集,同样,当重现期小于 30 年一遇时,积水范围以道路及其沿线为主,当重现期大于 30 年一遇时,积水范围漫延到道路周边的裸地区域。

9.5　区域暴雨内涝风险分析

9.5.1　风险评估指标

（1）雨水管道风险评估指标

管道充满程度即管道充满水深与管径的比值,在设计暴雨径流下,管道内水深与管径的比值称为设计充满程度（或水深比）[5],用 a 表示,如公式（9-5）所示：

$$a = h/D \tag{9-5}$$

根据《水力学》知识,当 $a < 1$ 时,管道内的流态问明渠流动;$a = 1$ 时为满流量;$a > 1$ 时,管道内的流态为有压流。h 在此表示的不是管道内的实际水深,而是压力管头的状态,随着管道内压力的增加,测压管头也相应增加,a 值就越大。管道的充满程度及持续时长直接反映出管道的超负荷运行情况,进而间接的反映出内涝的潜在风险性。

根据上述基本知识及以往研究结果[8-9],在此设定区域雨水管道运行风险指标如下：①当 $a < 1$ 时,管网处于安全运行状态,无积水内涝风险;②当 $a > 1$ 时,管网处于满负荷运行状态,此时随着降雨的持续,管网排水能力可能达到瓶颈,路面出现溢流积水等现象;③当 $1 < a < 5$ 时,管流状态由明渠流变成有压力,部分管段出现满负荷状态,管道所对应路段存在积水内涝风险,随着降雨的结束会逐步削减;④当 $5 < a < 10$ 时,大部分管道处于满负荷运行状态,连接节点将出现溢流现象,对应路面开始出现积水现象和城区内涝灾害,排水系统瓶颈开始显现,排水能力难以承担持续降水,积水内涝风险程度高;⑤当 $a > 10$ 时,整个排水系统基本失去控排能力,积水路段会持续扩大,溢流雨水井也会增加,相应范围内内涝风险较高,随着降雨持续,风险逐步增大,需要通过移动泵站辅助快速将积水排除。不同管段充满度的积水内涝风险程度如表 9-12 所示。

表 9-12　不同管段充满度的积水内涝风险程度

管段充满程度 a	管流状态	积水内涝风险
$a<1$	明渠流	无
$1<a<5$	有压流	存在
$5<a<10$	有压流	较高
$a>10$	有压流	高

（2）节点积水深风险评估

节点积水深是指除出入口和存储节点外，所有节点的积水深计算为节点水位减去节点地面高程[5]。当其大于 0 时，节点发生溢流，导致节点临近雨水不能及时排出，使得地面积水。根据《室外排水设计规范》（GB 50014—2021）（2014 版）中"地面积水设计标准"中道路积水深度是指该车道路面标高最低处的积水深度。当路面积水深度超过 0.15 m 时，车道可能因机动车熄火而完全中断，因此在室外排水设计规范中规定每条道路至少应有一条车道的积水深度不超过 0.15 m。本研究以此作为区域内涝积水风险与否的划分依据。

9.5.2　区域风险评估

（1）基于雨水管道充满度的内涝风险评估

在此选择南区为典型区域开展模拟分析，通过构建的 Mike Urban 模型，可得南区不同重现期设计暴雨下雨水管网管道充满程度（a）模拟结果，并统计各充满度下不同管流状态的管道数、关联节点数等。由于 3 年一遇和 5 年一遇设计暴雨量值较小，区域雨水管道压力较小，仅统计 10 年一遇及以上的设计暴雨下的雨水管网运行模拟结果，如表 9-13 所示。

经统计分析可知，随着重现期的增加，无论管段数还是雨水井，有压状态（$a>1$）的数量占比在逐渐增加：管道数的占比由 10 年一遇的 87.8% 逐渐上升到 100 年一遇的 90.80%，雨水井数的占比由 10 年一遇的 76.22% 逐渐上升到 100 年一遇的 87.59%。进一步对比分析可知，$1<a<5$ 状态下的管道数目的占比变化相对稳定，10 年以上暴雨重现期下管段数占比为 78.62%～79.27%，而雨水井数目占比为 72.41%～78.62%。尽管总数目上，较高及高风险状态（$a>5$）的管段和雨水井的增加不太明显，但占比百分比差异相对显著；其中，管段数的占比由 10 年一遇的 8.54% 增加到 100 年一遇的 11.49%，而雨水井的数目百分比由 10 年一遇的 7.59% 上升到 100 年一遇的 15.17%。相对而言，无论有压状态总数目还是较高及高风险状态数目变化上，雨水井的有压变化随着暴雨重现期增加的响应上更为敏感和显著。

表 9-13　不同重现期设计暴雨下南区雨水管网状态模拟统计表

重现期	管道充满程度 a	管段数	雨水井(关联节点数)
10 年	$a<1$	20	20
	$1<a<5$	130	114
	$5<a<10$	13	10
	$a>10$	1	1
20 年	$a<1$	18	18
	$1<a<5$	125	111
	$5<a<10$	14	14
	$a>10$	2	2
50 年	$a<1$	17	16
	$1<a<5$	131	109
	$5<a<10$	17	19
	$a>10$	1	1
100 年	$a<1$	16	18
	$1<a<5$	138	105
	$5<a<10$	18	20
	$a>10$	2	2

在城市暴雨径流产生过程中,雨水管网充满的过程较降雨有滞后,故管网流速峰现时间往往滞后于降雨峰现时间。尽管因管网承接雨水口控制面积以及上下游位置存在差异,造成各管段出现流速峰现时间不尽相同。考虑到空间分布,选取大部分管段处于超负荷运行状态的某管段流速峰现时间作为区域内涝风险最大的时刻。同样,仅展示10 年一遇及以上的设计暴雨下的雨水管网在选定管段流速峰现时间的运行模拟结果,如图 9-11 所示;结合表 9-12 对南区雨水排除系统瓶颈和内涝风险路段进行分析。

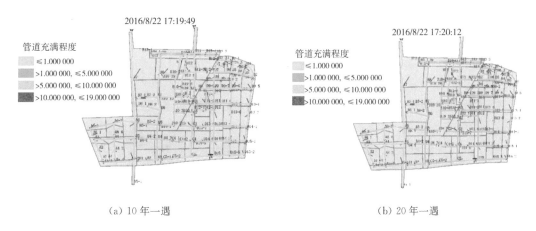

(a) 10 年一遇　　　　　　　　　　　　　(b) 20 年一遇

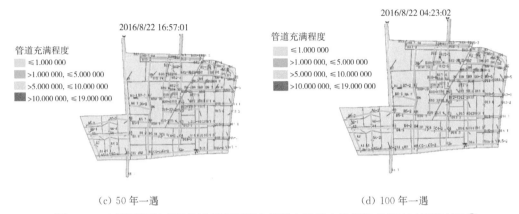

(c) 50 年一遇　　　　　　　　　　　　　　(d) 100 年一遇

图 9-11　南区不同重现期设计暴雨下雨水管道充满程度模拟情况(流速峰现时间)①

对比分析南区雨水管网充满度分布情况(图 9-11)可知,10 年一遇及以上不同重现期设计暴雨来看,管道变化的空间分布差异性较小。其中,近 10 年一遇时,大部分雨水管网呈现无压状态即 $a<1$;20 年一遇及以上重现期暴雨下,区域仅西南角管网呈现无压状态,其他区域管网都呈现有压负荷状态。其中,B7-1 一直处于较高负荷状态($5<a<10$),且有一小段处于高负荷状态($a>10$);D5、D7-4 以及 D7-5 的一小段一直处于较高负荷状态。随着重现期的增加,小部分管段管道压力负荷增加,其中:20 年一遇及以上暴雨过程下,B12-2、C4-1、D3 以及 D10-5 由青蓝色变为土黄色,表明这些管段的压力从有负荷($1<a<5$)变成较高负荷,B7-2 则直接由天蓝色转变为土黄色,表明该管段水流压力从无负荷($a<1$)变成较高负荷;随着重现期进一步增加,50 年一遇及以上暴雨过程下,又新增 A6-1、B10-4 和 D4-1 的管道负荷增加到较高负荷。

(2) 基于节点积水深的内涝风险评估

由于北区雨水管网较稀疏,排水能力较弱,故针对每一场设计暴雨开展模拟分析。依据本章上节设置的 0.15 m 原则,对北区雨水井即关联节点处的积水深 h 按照 $0<h<0.15$ m(黄色)、$h>0.15$ m(红色)两级开展统计分级,区域分布情况如图 9-12 所示。可知,不同情景下的节点溢流深 $0<h<0.15$ m 的节点分布较为分散,主要以起始节点及其下游的第二连接节点为主,如蓝色圆圈内节点所示。当节点溢流水深 $h>0.15$ m 时,形成原因较为复杂:①可能起始点排水能力设计不足而形成溢流,如红色圆圈内节点所示;②下游或上游连接节点出现溢流而使得节点溢流积水过高的现象,如绿色圆圈内节点所示;③上游节点不溢流,但下游节点溢流的情况,如黄色圆圈节点所示。

进一步详细统计北区溢流节点情况,如表 9-14 所示。分析可知,北区共计 50 个节点,随着设计暴雨重现期从 3 年一遇到 100 年一遇,溢流节点的比例从 32% 增长到 52%,增长了 20%。上述结果说明,随着设计暴雨重现期的增大,北区关联节点的淹没水深逐渐升高,溢流节点的数量增加。

---

① 显示时间为模型运行时间。

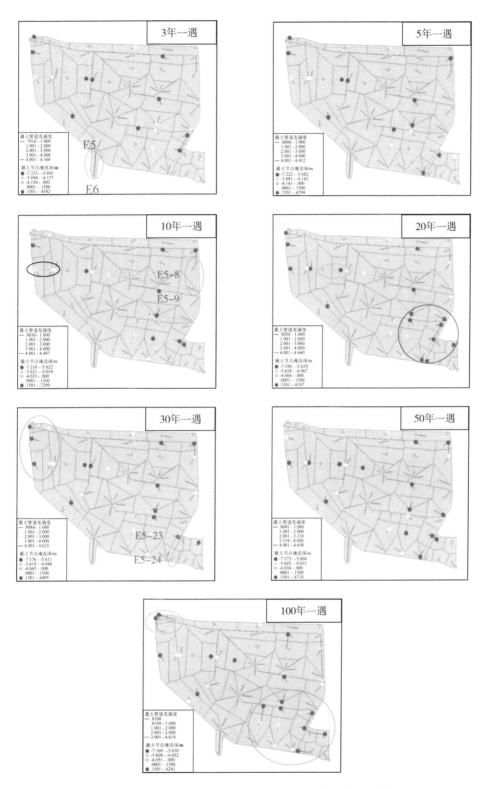

图 9-12　北区不同重现期设计暴雨下雨水管道排水能力分级

表 9-14　不同设计暴雨重现期下节点负荷统计

淹没水深	重现期						
	3 年	5 年	10 年	20 年	30 年	50 年	100 年
$0<h<0.15$ m	7	7	8	9	11	9	12
$h>0.15$ m	9	10	8	15	12	13	14
合计	16	17	16	24	23	22	26

结合地表淹没情势模拟结果(图 9-10)进一步分析可知,当溢流节点水深小于 0.15 m 时,由于节点多位于道路及其沿线,一些路段会出现积水现象,在地形及人为干扰等情况下,水流会沿道路流动,只有部分路段发生淹没现象;随着设计暴雨重现期的增加由管井溢出的水将漫过满路牙(150 mm),产生"150 效应",开始向道路沿线及周边区域扩散。溢流节点多出现在支管与主干管的连接节点处,由于其要汇流各支管的流量,使连接节点处的负荷较大,易发生溢流。

综上可知,北区整体处于内涝风险较高区域。对于上部区域由于地势较高,积水范围多集中于道路及道路沿线部分区域,内涝风险相对较低。但由于中下部区域地势较低,不仅要承接中下部区域自产径流,还要承担因地形因素导致的上部区域汇流的水量,并且作为管网系统出口和流域出口,在中下部最容易出现积水内涝等情况;如中下部雨水不能及时排出,将导致其上部区域面临其同样的内涝风险。因此,应对北区中下部适宜片区开展海绵改造以及雨水管网标准的升级。

参考文献

[1]北京水利局.北京水旱灾害[M].北京:中国水利水电出版社,1999.

[2]刘家宏,王浩,高学睿,等.城市水文学研究综述[J].科学通报,2014,36:3581-3590.

[3]MOUSE—An Integrated Modeling Package for Urban Drainage and Sewer System User Guide[R]. DHI Water & Environment, Head-quarters: Copenhagen, Denmark; China Branch: Shanghai,China,2003.

[4]车生泉,王洪轮.城市绿地研究综述[J].上海交通大学学报,2001(3):229-234.

[5]Horsholm Google Scholar. DHI MIKE URBNA User Manual[R]. Danish Hydraulic Institute: Shanghai,China,2012.

[6]WU Z N, LIU S F, WANG H L. Calculation method of short-duration rainstorm intensity formula considering nonstation-arity of rainfall series: Impacts on the simulation of urban drainage system[J]. Journal of Water and Climate Change,2021,12:3464-3480.

[7]刘兴坡.排水管网计算机模拟方法及其应用研究[D].上海:同济大学,2006.

[8]涂超.城市雨洪计算机模拟的应用研究—以大余县城北区为例[D].南昌:南昌大学,2014.

[9]王英.基于 MIKE FLOOD 的城区雨洪模拟与内涝风险评估[D].邯郸:河北工程大学,2018.

[10]栾清华,秦志宇,王东,等.城市暴雨道路积水监测技术及其应用进展[J].水资源保护,2022,38(1):106-116,140.

第 10 章

结论

本书核心内容由两大部分组成,第一部分是理论和技术方法,在分析我国北方城市洪涝特征的基础上,阐述了城市雨洪管理的理念及主要措施、城市雨洪数值模拟的作用与意义,系统梳理了成熟雨洪模型研究进展及发展趋势,提出了无管流数据城区雨洪模型构建关键技术。第一部分主要成果如下:

(1)梳理总结了我国北方城市的洪涝灾害的特征,表明北方地区平原地形坦、山区地势落差大,夏季极端暴雨增多且高雨强过程更集中,以及城市化进程时长短等形成北方城市洪涝问题越发严重的原因。针对北方城市洪涝频发、广发的态势,阐述了城市雨洪管理理念及主要应对措施,并提出应推广海绵城市理念的观点。

(2)系统梳理了城市雨洪模型的研究进展,对 SWMM 模型、MIKE 系列模型以及其他模型进行了原理的概述,综述了成熟雨洪模型的实际应用情况及其效果,并就不同的模型开展了对比分析,据此提出未来物理模型精细化、场景应用多元化、大数据模型"新宠"化的发展趋势。

(3)针对北方雨水管道鲜有实测流量数据的现状,提出了基于洪痕踏勘数据和媒体数据构建中尺度无实测管流的城市雨洪模型的技术方法,并分析了这一技术方法构建模型的模拟精度,对无管流数据城市雨洪模型构建提供参考。

(4)解析了海绵措施对城市水文过程的影响,阐述了海绵措施理念研究与设计原理,评估典型区的雨洪消纳效果结果表明,海绵措施消纳 5 年、10 年等较短重现期的设计暴雨的效果更显著。

第二部分主要是应用案例研究,分别详细介绍了北方浅山型城区、半山型城区、平原中心区、平原经济开发区以及平原科技园区共五种典型类型的应用案例。第二部分成果和结论如下:

(1)北方浅山型应用案例选用的是北京市香山东侧集水区东侧山脚下的封闭山地集水区。通过 SWMM 模型模拟区域的暴雨径流情况以及区域不同 LID 措施模型模拟结果的对比评估,最后得出仅采用 LID 措施很难理想解决山区洪涝与内涝问题,还应该根据区域特点实施排水管网建设、防洪渠道建设等工程措施以及绘制并公布区域内涝风险图等非工程措施。

（2）半山型城区应用案例选用的典型城市是河北省临城县城。同时应用 SWMM 模型与 MIKE 系列的 MIKE URBAN 模型和 MIKE21 模型模拟区域暴雨径流情况，以及不同 LID 措施应用的模拟评估得出，LID 措施在半山区丘陵地带对出水总量以及洪峰流量的消减效果不仅与布设面积大小有关，还与区域坡度有关，且坡度越小，对雨洪的控制效果越显著。未来城市雨水管网改造应充分考虑地形而进行差异化设计和施工。

（3）平原型中心城区应用案例选用的河北省邯郸市东区。主要通过 MIKE 系列模型模拟海绵措施的径流监控效果，且分别对湿地公园、管网改造以及河流廊道的径流监控效果进行分析，得出研究区的内涝面积和积水面积随着降雨重现期增加而增大，其中海绵措施降雨重现期较小的径流减控效果最显著。未来城市更新建设应根据实际情况适宜增加湿地、廊道等水景观，在提升城市品质的前提下，增加城市抵御洪涝的韧性。

（4）平原型经济开发区应用案例选用的是北京亦庄经济技术开发区。采用了本书提出的无管流数据的区域模型构建技术方法，通过参数校验后，对研究区的产汇流响应以及对交通影响的效应进行特征分析，提出了根据暴雨预报来发布不同登记的交通预警信息，提前做好交通疏导工作的建议。

（5）平原型科技园区应用案例选用的是北京市未来科学城。通过 MIKE 模型对暴雨径流过程进行模拟和内涝风险评估，得出北区的内涝风险整体处于较高状态，且北区上部积水范围多集中于道路以及部分道路沿线，但是中下部区域地势低，且作为管网系统的出口和流域出口，更容易发生积水内涝情况，提出对北区中下部区域进行海绵改造以及工程措施改造的建议。